好书精读 Master 15'

商业新闻出版公司和轻松读文化事业有限公司提供内容支持

商机

教你兴趣变黄金

轻松读大师项目部　编

中国盲文出版社

图书在版编目（CIP）数据

商机教你兴趣变黄金：大字版 / 轻松读大师项目部编. —北京：中国盲文出版社，2017.10
ISBN 978 - 7 - 5002 - 7947 - 1

Ⅰ.①商…　Ⅱ.①轻…　Ⅲ.①成功心理—通俗读物
Ⅳ.①B848.4 - 49

中国版本图书馆 CIP 数据核字（2017）第 253042 号

本书由轻松读文化事业有限公司授权出版

商机教你兴趣变黄金

编　　者：轻松读大师项目部
出版发行：中国盲文出版社
社　　址：北京市西城区太平街甲 6 号
邮政编码：100050
印　　刷：北京新华印刷有限公司
经　　销：新华书店
开　　本：787×1092　1/16
字　　数：85 千字
印　　张：13
版　　次：2017 年 10 月第 1 版　　2017 年 10 月第 1 次印刷
书　　号：ISBN 978 - 7 - 5002 - 7947 - 1/B · 350
定　　价：44.00 元
销售服务热线：（010）83190297　83190289　83190292

版权所有　侵权必究　　　　印装错误可随时退换

出版前言

数字文明为我们求知问道、拓展格局带来空前便利，同时也使我们深受信息过剩、知识爆炸的困扰。面对海量信息，闭目塞听、望洋兴叹固非良策，不分主次、照单全收更无可能。时代快速变化，竞争不断升级，要想克服本领恐慌，防止无知而盲、少知而迷，需尽可能将主流社会的最新智力成果内化于心、外化于行，如此才能更好地顺应时代，提高成功概率。为使读者精准快速地把握分散在万千书卷中的新理念、新策略、新创意、新方法，我们组织编写了这套《好书精读丛书》。

这套书旨在帮助读者提高阅读质量和效率。我们依托海内外相关知识服务机构十多年的持续积累，博观约取，从经济管理、创业创新、投资理财、营销创意、人际沟通、名企分析等方面选取数百种与时俱进又经世致用的好书分类整合，凝练出版。它们或传播现代经管新知，或讲授实用营销技巧，或聚焦创新创业，或分析成功者要素组合，真知云集，灼见荟萃。期待这些凝聚着当代经济社会管理创新创意亮点的好书，能为提升您的学识见解和能力建设提供优质有效便捷的阅读资源。

聚焦对最新知识的深度加工和闪光点提炼是这套书的突出特点。每本书集中解读 4 种主题相关的代表性好书，以“要点整理”“5 分钟摘要”“主题看板”“关键词解读”“轻松读大师”等栏目精炼呈现各书核心观点，崇真尚实，化繁为简，您可利用各种碎片化时间在赏心悦目中取其精髓。常读常新，明辨笃行，您一定会悟得更深更透，做得更好更快。

好书不厌百回读，熟读深思子自知。作为精准知识服务的一次尝试，我们期待能帮您开启高效率的阅读。让我们一起成长和超越！

目　录

唐纳德·特朗普是美国最知名的商界人士之一。特朗普从小就锋芒毕露，人缘良好，学业优秀，也是运动健将。他本人聪颖绝顶，具有敢说敢为、敢做敢当的行事风格，经常语出惊人。他慧眼独具与令人称羡的生意头脑叫人不得不佩服，他深谙经商之道，其商业管理课程、事业忠告、投资建议、谈判秘诀等从商经验和技巧对于立志于致富的商界人士颇有借鉴意义。

花时间给大脑做规律运动，就能提升想象、记忆、创造、沟通及推理等大脑功能。身体锻炼计划、良好的营养和充足的休息是大幅增强脑力不可或缺的要素。大脑运动计划的实际好处包括：增强快速思考的能力、为生活注入更多创意等。想拥有更聪明、更良好的表现，就应该立刻执行系统的大脑运动养生法。

记忆开发正在成为知识经济中一个热门的新兴行业。许多案例可以证明，记忆的确是可以通过训练来强化的。研究还发现，大脑其实就像身体，越锻炼就会越强壮。在商界，好记忆可以带来好生意。商业信息可以区分成4大类别，通过采取简单的增强记忆3个步骤，就可以帮助我们轻松记忆大量的重要商业信息，从而让事业大有收获。

想将个人的志向和兴趣转变成足够让自己过上好日子的丰厚收入，就要做一名职业生涯叛逆分子。第一步就是找出自己的兴趣，并投入热爱的事业。在选择职业生涯时，不要被传统观念所局限。在如今的网络时代，利用网络提供的大量信息、工具和平台，就可以制订一份切实可行的计划，抓住商机，从而将兴趣变为财富。

地产大亨特朗普：如何致富

Trump——

How To Get Rich

原著作者简介

唐纳德·特朗普（Donald Trump），商人、政治家、作家、主持人，人称“地产之王”。特朗普的事业涉及房地产、赌场、体育界和娱乐界，曾在美国国家广播公司黄金时段的真人秀节目《学徒》中担任主持人，并担任“环球小姐”选美大赛主席。《福布斯》杂志在2015年6月评估特朗普资产净值约为45亿美元，他本人则称超过100亿美元。著有《做生意的艺术》《结局，巅峰生存》《回归的艺术》《美国，值得我们拥有》等书。

本文编译：陈正芬

主要内容

主题看板

唐纳德·特朗普一瞥

“如果有任何人认为我的前途会黯淡无光，那他就大错特错了。”

1946 年 6 月 14 日，唐纳德·特朗普生于美国纽约。从小，特朗普就在同辈间锋芒毕露。13 岁，特朗普进入“纽约军事学校”，在校期间，不仅人缘佳、学业成绩优异，也是运动健将。1964 年毕业时，特朗普已具备领袖气质的风范。

军校毕业后，特朗普进入隶属常春藤联盟的宾夕法尼亚大学沃顿商学院就读，专攻商业课程，培养机敏的商业嗅觉，同时加上父亲的经营秘诀与经验灌输，让他年纪轻轻就深谙经商之道。此外，特朗普不时到国外考察经济风向，并深切体会现今最重要的企业经营战略就是“市场营销”。

大学毕业后，特朗普进入父亲创建的房地产公司“特朗普公司”（后经特朗普发扬光大为集团组织）任职。特朗普眼光独具，将触角从狭窄的纽约市皇后区，转往繁华热闹的曼哈顿，因此结识不少政经名流，这对于他日后发展房地产事业有莫大助益。

看到纽约市的经济潜力后，特朗普雄心十足，开始兴建外观壮丽耀眼的高楼大厦，赚取高额利润，1980 年完工的“凯悦大饭店”是特朗普房地产事业的重要里程碑。接着，特朗普又以两亿美元在纽约曼哈顿商业区兴建综合商业大楼“特朗普大厦”，吸引无数的长期租户，让特朗普赚取大把钞票，并继续挑战更大的事业。

资本雄厚的特朗普逐渐将投资范围延伸至房地产以外的行业，如开设赌场、经营航运、主管职业足球队、赞助职业拳击赛等，还在 1989 年出版《做生意的艺术》一书分享他的从商经验。该书一度畅销全美，使特朗普顿时成为初入职场年轻人所崇拜的对象。

特朗普近来在国家广播公司黄金时段的真人秀节目《学徒》担任主持人，该节目的高收视率为特朗普创造十足的话题。节目中，特朗普的招牌话“你被炒鱿鱼了”顿时成为街头巷尾传诵的名言。《学徒》节目的内容是由一位成功企业家一旁观察与面试16位工作应聘者，在长达15个星期的时间里，每星期淘汰一名不合格的应聘者，最后选出一位精明干练的人才，让其担任该企业家的助理一年。

特朗普并不英俊，但因聪明绝顶，加上敢说敢为、敢做敢当的行事风格，经常“语不惊人死不休”，总是给人嚣张狂妄的印象，但他那慧眼独具与令人称羡的生意头脑却又叫人不得不佩服。

5分钟摘要

唐纳德·特朗普谈致富

人们只要遇到我，通常会想从我身上知道“如何致富”这件事。你会问面包师傅如何做面包，自然也会问亿万富翁如何赚钱。没错，市面上由百万富翁执笔、教人如何致富的书已经多到数不清，亿万富翁作家本来就不多，而有兴趣对房地产、赌场、运动和娱乐发表观点的亿万富翁作家更是稀有，至于在曼哈顿拥有摩天大楼和高收视率黄金时段电视节目的亿万富翁作家则如凤毛麟角，我敢说我是唯一的一位，但如果奥普拉决定写另一本书并涉足房地产行业的话，她可能会成为我的劲敌。

我在 1987 年写道：“我这样做不是为了钱，钱我已经够多了，而且多过我所需，我纯粹是因为喜欢做生意。交易是我表现艺术的形式，别人在画布上画美丽的图景，或者写优美的诗句，而我喜欢做生意，越大越好，以此来获得刺激快感。”现在是 2004 年，我还夜以继日地埋头工作，而且仍旧不是为了钱，我也认为你不该为了钱做生意。钱本身并非目的，但有时却是帮助我们实现梦想最有效的办法。

一　唐纳德·特朗普的商业管理课程

1. 做事的态度要像个将军——处理细节时，不要忽略大局

有时你必须激发他人全力以赴，有时又必须好言相劝。将军很擅长随时运用不同的手法，你也得学会这一点。

任何领域的顶尖人物都想与有能力执行绝佳企业策略的管理者共事，为了吸引并留住人才，要能随时准备承担责任并指挥若定，雇用你信得过的人，并依赖他们提供给你的最新信息。遴选新人时，要永远根据他们的态度取舍，而非学历甚至经历。

关键思维

在关注日常细节时，不忘以大局为前提，这

或许像是试图保持平衡，但对于成功经营企业来说，却是绝对必要的。

——唐纳德·特朗普

2. 集中精力在真正让你赚钱的事物上——其余的都不重要

别转移注意力，只要稍有不慎，不专心就可能毁了你的事业。

关键思维

在 20 世纪 80 年代，我叱咤风云。有本杂志的标题说得很贴切：“他能点石成金。”我相信我可以做到。之后房地产市场崩盘，我欠了一屁股债，说得准确些是 92 亿美元。我还以个人名义担保数十亿美元借款，最后总算和一些公正且善体人意的银行业者达成公平的协议。继 80 年代“称王”后，我好不容易熬过 90 年代初期，到中、晚期又得以咸鱼翻身。如今我的干劲同我 70

年代年轻时相比可是毫不逊色。别重蹈我的覆辙，要专心。

——唐纳德·特朗普

3. 保持工作的动力，否则你将远远落后

无论在什么领域，你要与时俱进，与最新信息同步，别以为仅凭当年之勇就可以混日子。

永远对你所处行业的风吹草动保持警觉，别以为你可以仅凭勇气或丰富的社会经验混日子。相反，你必须以自己所处行业最新的作业方式和各种新技术不断重新培训自己。

关键思维

无论你管理什么，别以为可以巧妙混过去。你必须努力维持进取好学的动力，即使一流的外科医生也需要定期接受再培训，以吸取最新的研究成果和手术知识。

——唐纳德·特朗普

4. 找位精明干练的私人助理

如果你周围的同事都是可以信赖又很自觉的人，你就可以做更多事。

聪明的做法是密切注意团队里有哪些人是你需要的，可以组成你的基本团队，因为找到适当的人选会让日子好过许多。你需要强悍、聪明、亲切且不屈不挠的人，也就是对工作拿手的人。

关键思维

我常说偏执是件好事，但别出现在你的团队上。请上帝帮个忙，我可不是和你开玩笑。伟大的团队会让你的日子轻松许多，或者以我为例，日子几乎是可以随心所欲的。

——唐纳德·特朗普

5. 以身作则，因为别人不可能比你更打拼

对你的工作充满热情。如果员工感受不到你的精力与热情，便激发不了他们的热情。

身为企业领导人，一切由你做主，包括各项作业的策略、过程和结果。设定高标准，别奢望组织中有人比你更努力、工作时间比你更长。把问题视为进步的机会，而且是成长和活力的指标。

只要你愿意同下属开诚布公地交谈，而不强迫他们，必定能成就更多事业。

关键思维

还记得哈里·杜鲁门摆在椭圆形办公桌上的至理名言吗？就是“钱财止步。”我的办公桌上也有句类似的座右铭，上面写着：“钱财由此开始。”

——唐纳德·特朗普

6. 别采取模糊策略——那是政治家的专利，不是你的

说话直截了当、切中要点，而且有话快说。

关键思维

假如你说话模棱两可，表示对自己和做的事没把握，效果就不好，应尽量避免。幸好我不必太努力克服这个问题，因为别人眼中的我是个说话直截了当（而且快速）的人，这挺好。

——唐纳德·特朗普

7. 反复问自己两个问题，借以检验自己是否符合现实

无论处于何种情况，问你自己下面几个问题：

◎ 有别人比我更在行吗？如果有，如何与他们区分？

◎ 我对什么事情故意视而不见？换句话说，关于这个项目，有哪些冷冰冰的事实正死盯着我，而我却想采取“鸵鸟政策”？

8. 一直提醒自己，口无遮拦成不了事

假如你感觉快被炒鱿鱼，别试图说些无关痛痒的话，要化被动为主动，并采取明智的行动。

如果你想保住饭碗，却感觉不妙，这时请上司和你开个会，告诉他们，你这样做是想确定这是有效的沟通，而且使你的工作让大家都满意，请上司协助并指出你有哪些地方有待加强。

如果照做还有问题，就把你的老板炒了，到别处找个更好的工作。

9. 要知道，每一位新雇主雇用你时，他们都是在对你下赌注

我们可以从新进员工身上找到责任感——他们确信自己在做重要的事，并将其表现在行动上。

好员工以自己的公司为荣，他们相信自己每天所做的一切和组织整体的成败有直接关系，从他们谨慎花公司的钱如同花自己的钱可见一斑。

简单地说，好员工会让自己成为有价值的人，他们脚踏实地，设法帮助组织前进并达成目标。

关键思维

许多人表示想调动，因为现在的职务不够有挑战性或成就感，而且没有成长空间，那可真是没有办法。如果这样的话，就另谋高就吧。有时当你该向前走的时候，唯一的路是走出去。

——唐纳德·特朗普

10. 永远欢迎新点子，但确定你个人拥有正确的观念

好老板必须随传随到，而且需要有对坏点子坚决说“不”的准备。

别怕让老板主导新点子，他们欢迎新思维，只要你有充分明确的准备。把这想成是向某位重要客户做简报，并用相同的方式准备。

当你提出一个点子时，提醒自己，老板的宏观视角或许是你所缺乏的。如果你的点子无法获得认同，或许组织中某个角落有个更好的点子正在酝酿。

关键思维

如果你的老板对某个点子说“不”，你可得注意了，他这样做多半会有好理由。没人不把好点子当回事，可能只是不合公司的胃口罢了。或许你有意自立门户做个创业家，让那成为你的目标。好点子遭到拒绝可能是你事业的开端，而非结束。

——唐纳德·特朗普

如果你经营一家公司，要让员工随时找得到你。

——唐纳德·特朗普

11. 注意一个人的才能，而不是他目前的职位

绝不把一个人的职位当作他们在你组织中的价值指标。

关键思维

你拥有的资源往往比你想象得还多。我不喜欢被别人低估，也尽量不去低估任何人。试着让眼光超越一个人的职位，你会在不可能的地方找到人才。

——唐纳德·特朗普

12. 管理组织中的人，别试图管理工作

好老板应该明白如何让下属投入工作，以及卓越的表现需要哪些条件。要严格要求且大公无私。

每个人用不同的方式达成结果，难就难在了解每位员工的需求，然后常态性地提供支援及协助。如果你学会持之以恒地这样做，就可以从不错的管理者成长为伟大的管理者。

关键思维

几乎所有人都挺得过逆境，但你如果想测试一个人的性格，就赋予他权力。

——亚伯拉罕·林肯，美国前总统

13. 保持开放的心胸，确保自己每天学到新东西

自以为无所不知便会关上学习之门，你的目标应该是永远敞开心门，接触新观念。

对人生的体会越多，就会发现有越多事物是你原来根本不了解的。挑战自己，每天学习新东西，培养不断学习的习惯，每天腾出一点时间来拓展视野。特别是让学习其他文化成为有意义的事，因为有些伟大点子可以在那里获得。

14. 视野要大，跟着梦想走，大胆突破现实生活的局限

这是个辽阔广大的世界，到处都有从未被发现的可能性，永远要怀抱伟大的梦想，准备好追求令你心动的事物。

关键思维

在某些方面，买栋摩天大楼要比在布鲁克林的不繁华地段买间小屋子更简单。或许两者都需要融资，但多数人宁可投资在伟大的建筑物，而不愿投资在危险街道上摇摇欲坠的复合式房屋。如果投资摩天大楼，你可以赚到一大笔钱，但如果你没赚到，那么损失10万和损失数亿元又有何差别？总之你都是损失，为何不放手一搏？如果你开始用头脑思考，便要放大格局；如果你想好好过生活，就要活得精彩，任何事情都有可能。如果你的思维太过狭隘，便可能错失这些机会。

——唐纳德·特朗普

二　唐纳德·特朗普的事业忠告

1. 掌控求职面谈，并采取以退为进的做法

在应聘你真心想要的工作时，向未来老板开出对方难以拒绝的条件。

自愿以低薪为他们工作一个月，前提是让他们明白没把你拴住是不行的。如果你真的是这份工作的适当人选，这个提议能帮助你迈出求职成功的第一步。

2. 要求加薪时，要对时机有万全把握

要获得加薪，时机最重要。在开口前，留意你的老板刚经历了哪些事。

假如你选对时间向老板要求加薪，表示老板会有时间与精力好好了解你的诉求。相反，如果你在公司压力很大的时候要求加薪，则表示你不顾公司的死活——这对你没有帮助。

关键思维

金钱就像喜剧，重要的是抓住适当的时机。

——唐纳德·特朗普

3. 在建立自己的事业时，既要百折不挠，也要耐得住性子

建立伟大的事业需要时间，坚持并不断向前，哪怕有各种意外的挫折。

关键思维

几乎每位高级主管都会有耐不住性子的时候，但为了长久之计，你必须把眼光放远，有些事值得等待。

——唐纳德·特朗普

4. 学打高尔夫球——或发掘你热爱的事物

花些时间学习像高尔夫球这类的运动对经商

大有帮助。

学打高尔夫球能帮助你建立事业，因为：

◎ 打高尔夫球有助增强你评估和专注的能力。

◎ 打高尔夫球可以加强你调度与交涉的能力。

◎ 打高尔夫球让你在灵感充沛的环境中呼吸新鲜空气。

◎ 打高尔夫球是和企业重量级人物建立人脉的绝佳渠道。

◎ 打高尔夫球是单人游戏，就像经营企业一样。

总之，虽然打高尔夫球真的好处很多，但最重要的仍在于能有机会投入某件事物，然后设法将那股热情转化为利润。无论环境如何，真正有热情的人都坚忍不拔、不轻言放弃，这是商业界绝佳的人格特质。因此，如果打高尔夫球对你有用，就物尽其用吧。

5. 建立自己的品牌，别害怕自吹自擂

如果你做了某件受人瞩目的事，要彻底运用

这件事来建立你的个人品牌。

做了一件了不起的事，没必要秘而不宣或过分谦虚，要大声地说出来，让全世界知道。过了一段时间，一旦你有了具体的辉煌成就后就会发现，你的个人品牌将为自己的每一个项目加分。因此，好的个人品牌对落实新计划是有很大帮助的。

关键思维

当你做了值得夸耀的事时，别害怕“王婆卖瓜”，除非批评的人喜爱你的工作，否则别信他们。

——唐纳德·特朗普

6. 随时记下自己的直觉，并跟着直觉走

创业企业家绝不是打群体战，相信自己，跟着直觉走，这是出头的唯一办法。

关键思维

卡尔·荣格（瑞士心理学家）说，人的意识在平日运作时只用了脑力的5%。如果我们学会开发那95%无意识、下意识和闲置的脑力，结果必然令人惊讶。

——唐纳德·特朗普

7. 心态乐观，但永远准备接受最糟的情况

对事业的起落要有准备，因为事业中面临不同的起落是唯一可以确定的事。

关键思维

我其实是个很小心的人，但这和悲观是两码事，应该说，我经常以积极思考接受现实的考验。

——唐纳德·特朗普

8. 假如你想换工作，确保你知道自己在做什么

企图心强的人，往往会受到引诱，经常更换工作。在跳槽前，要仔细发掘该注意的事项。

无论在任何领域，有技能和才干的人都是抢手货。举例来说，许多非常成功的生意人常会兴起从政的念头，他们认为自己在某个领域高人一等，选择在其他领域发展也会同样成功。

事实与错觉相去甚远。对你在某一领域相当有效的技能和气质，不仅可能在另一个领域不管用，还经常酿成灾祸。因此，在你改变职业或尝试新领域带来的新挑战时，要仔细认清自己未来的处境，首先确定自己已经拥有新工作所需的正确心态。

9. 成为演讲高手的方法是与听众真诚交流

不会公开演讲会成为你事业的障碍，学会把这件事做好。

如果想成为伟大的演讲家，必须做到以下10

件事：

（1）想想你的听众——他们不是一群等待评判你的人，而是有一些需要的个人。

（2）让听众参与——愿意自嘲，并揶揄你自己的糗事。

（3）有备而来——阅读与工作有关的书，每天冥思或反省两三个小时。

（4）做个会讲故事的人——人人都喜欢听故事，而且听过以后会难以忘怀。

（5）发掘你和听众之间的共同点——就可以与听众建立共同的联系。

（6）富有娱乐性——大家只有在感觉有趣并相互交换意见时才能学到东西。

（7）学会一边演讲一边构思——就可以为你的演讲内容注入一点即兴的感觉。

（8）记下每天的生活经验并加以运用——因为这可以成为绝佳的演讲素材。

（9）喜欢与人分享——因为如果你能在讲台

上自得其乐，听众也会被你感染，要保持轻松。

（10）研究专业演讲家如何演讲——以里吉斯·菲尔宾为例，如果你仔细观察他，就会学到很多东西。

10. 如果你是个坚忍不拔的乐观主义者，就能获得更多成就

建立企业时，有一半是在和自我交战，好让自己有信心，并且让自己这股创业热情经过清晰思考后有明确的方向。要发自内心地保持乐观。

如果任由消极思维发展而不加以检讨，会导致一个人思维瘫痪且无法认清现状，多数的消极思维源自自尊不足。为了抵消所有的消极思维，你所做的每件事必须以“卓越”为自我期望。如果想保持积极思考，可以加强以下几件事：

◎ 每天花点时间思考你已经是多么幸运，以及自己对未来还有多少憧憬。

◎ 读一些积极且鼓舞人心的书，比如诺曼·文森特·皮尔的《积极思考就是力量》。

你也可以读卡尔·荣格所著的心理与自我成长类书籍，他对心理、直觉与本能等概念研究颇深。

◎ 手边随时摆放一本积极思考并有发人深省名言的书，只要有片刻空闲就抽空阅读一下。

关键思维

往心外看的人混沌，往心内看的人清醒。

——卡尔·荣格，瑞士心理学家

坚持不懈是开启你我潜力的钥匙，而不是力量或智慧。

——温斯顿·丘吉尔，英国前首相

11. 拥有健全的自我——要客观地看待他人的批评

除非你拥有自我，否则没有多大动力。别让其他人影响你的自我动力，尤其是批评者。

健全的自我知道自己为何而来，因此会以成

就为傲。不可否认，太过自我可能使人做出愚蠢的事，但自我缺失却也可能造成问题。理想情况是先把自我构建在空中的城堡，然后努力在这些城堡下堆叠起坚固且符合现实的基石。

成绩斐然的人迟早都要接受评论家的分析，一旦评论出现，问问你自己以下两个问题：

◎ 这个人的意见对我真的重要吗？

◎ 评论的内容对我有任何帮助吗？换言之，他是否指出我的疏忽？

记住，从许多方面来说，有人批评可是种恭维，至少表示你做的事情具有新闻价值，许多人一辈子都做不出任何能引起批评的事。把批评当作一种信号，就表示你摸到窍门了。

12. 不断提醒自己，一步登天是不可能的

要有努力工作来完成梦想的准备，把成功的条件摸得一清二楚。

无论身处什么行业，成功的事业都必须达到起码的条件。如果你还不打算下工夫，在你人生的各个领域获得坚强的实力，你的成就终将如昙花一现。想要建立稳固的事业，首先要把基础打牢，然后再加些自己的想法来完成。想要经商就必须做好该做的功课，了解自己应该做哪些事，未来又有哪些责任。

实际的做法是：

◎ 看看你所从事的领域中其他人是如何成功的，然后准备付出数倍努力，但不保证自己一定会成功。

◎ 和其他人比较完全没有意义，专注在自己的蓝图上并开始努力。

◎ 每天腾出 3 个小时进行阅读和反省，这是让思路清晰的不二法门，也是掌握全局的唯一方法。

◎ 充分觉察市场动态，密切关注最新情况，并以史为鉴，培养预测未来的能力。

◎ 用穿着打造成功，了解你的工作环境，努力反省并重视反省的结果。让别人无法忽略你，要有品位并运用自己最好的判断力。

关键思维

以为成功的过程如同按部就班的单行道可以一路到底，这根本是与现实脱节。一蹴而就的成功故事屈指可数，一般与实情不符。

——唐纳德·特朗普

三　唐纳德·特朗普的投资建议

1. 永远做自己最好也最适合的财务顾问

别雇用财务顾问，你自己反而应该做好功课，并亲自下决定。

蹩脚财务顾问的建议可能让你损失不小，依靠自己的判断则会更好。要成为这个领域的高手，可以借助以下方式：

（1）阅读财经新闻——《华尔街日报》、《福布斯》、《商业周刊》和《财富》，持续阅读一段时间后，你就会对市场动态产生感觉。

（2）阅读日报的财经版——好对地方动态有概念。

（3）要留在成就辉煌的组织——就财务方面来看，一举成名对你的财富具有实质的杀伤力。你固然可以相信年年成绩卓越的人，但永远要先信赖自己的常识。

2. 永远只投资自己懂的东西

别被那些需要博士学位才能理解的复杂财务操作所迷惑。

投资界真正的巨擘就是运用常识作为投资决策，如艾伦·格林伯格和沃伦·巴菲特，他们绝不投资自己不懂的东西。你也应该遵守这项规则，你的血汗钱正面临风险，千万别再承受无谓的风险。

关键思维

我能和你说的最有智慧的事情就是只投资你懂的产品，而且把钱交给你确认足以信赖的人。有时最好的投资是不投资。

——唐纳德·特朗普

3. 如果你正考虑结婚，先签订婚前协议

无论你有多肯定，商场如情场，不是凡事都

能依照计划行事。你有权保障自己的资产，做好婚前协议。

婚前协议并不表示你对婚姻没信心，也不代表你会移情别恋。婚前协议只代表人生有时可能变得复杂，而你不想因为他人的行为而危及自己及员工的生计。

这项忠告对男女都适用，女性在步入婚姻殿堂前也应该签订婚前协议，女性与男性同样有机会建立成功的事业，甚至超越男性的成就。成功只关系到常识与健全的财务规划。

4. 绝不依赖律师帮助你脱离财务困难

律师只是中间人，如果想好好理财，就自己去找贷款人。

假如你亏欠银行或某人的钱，自己要能掌握整体情况。和真正主事者（而非挂牌老板）建立私人交情，让他们因为喜欢你这个人而和你往来，而不是只把你看成一个统计数字。

只有你自己才办得到这点，你的律师则不

行，他们只不过是个中间人，而且在这个过程中，律师有自身既得利益，如果案子和解，律师费就没着落，因此律师从不希望和解。然而你当然希望和解，借款的一方也很可能和你一样。要以个人名义接近主事者，并创造和解的机会。

5. 找个好办法教你的孩子一块钱的价值

理想上，孩子会先观察你努力工作的态度，然后展现他们对金钱价值的理解，这点非常重要。

当小孩见识到大人的决断力与财务纪律时，他们接收到的信息通常会是：金钱很重要，我们应该重视使用金钱的态度。或许教导孩子的最好方法是以身作则，如果你强调教育并期望他们对社会有所贡献，不因为满足物欲而患得患失，孩子就会接收到正确的信息。

为了进一步补充孩子的理财教育，我们可以采取以下做法：

◎ 帮助他们订阅《金钱》或其他个人理财杂志。

◎ 为他们创造存零用钱的动机。

◎ 制造机会让他们自食其力。

◎ 设定高标准，告诉他们能有所成就的重要性。

◎ 如果可行，让孩子感受到自己受欢迎加入家族事业。

◎ 尝试让孩子接触健全的财务实务并坚守相关的纪律。

◎ 谨慎用钱。

关键思维

不教育孩子金钱的概念就像不关心他们吃什么，如果他们不具备理财知识就进入现实世界，连生存都会很困难。一定要让孩子知晓你对金钱的看法，包括你如何管理费用、如何存钱与投资。让他们知道金钱不一定是贪婪的象征，而是生存的要素。

——唐纳德·特朗普

我的小孩从我身上了解金钱的价值，他们观察我的生活方式，我离开办公室时一定关灯，做成一笔生意时一定喜形于色，无论是买一栋大楼，还是买办公室文具。

——唐纳德·特朗普

四　唐纳德·特朗普的谈判秘诀

1. 如果抓住对方的命脉，他们的心也会跟着来

做成一笔好买卖与说服技巧几乎无关，相反，一切取决于谁有影响对方的能力。

影响力来自实力，如果你胡乱指挥别人，以后别人就会不把你当一回事。要在谈判中拥有影响力，必须注意以下几点：

◎ 你必须清楚自己在做什么。

◎ 利用简单的比喻和类比，让别人容易理解你所说的内容，加上一点幽默效果会更好。

◎ 你必须让别人认为最好的点子都是他们的贡献，而你只是帮助大家理解整体情况。

◎ 你必须倾听对方，并观察他们的肢体语言。肢体语言会暗示他们是真心想做成生意，还

是只是有兴趣让你知道他们有多聪明。

◎ 如果必须大叫几声、拍几下桌子才能让谈判有所进展的话，要有心理准备随时这样做。

◎ 你必须有能力让对方相信，自己并不是真的想要或需要他们试图推销给你的东西。

◎ 你必须能用创意思考，即使是利用金钱以外的事物来达成这笔交易。

◎ 你必须了解在最适当的时机说“不”是多么有价值。

◎ 你必须把冲突视为前进的机会。

◎ 你必须了解谈判桌上的对手，包括他们的动机、他们准备采用什么策略谈判，以及他们最终想从你身上得到什么。

关键思维

一流的谈判高手是“变色龙”，他们在谈判时的态度、举止、方法和姿态将因对手而异。

——唐纳德·特朗普

2. 在谈判时，你的做法要合理且有弹性

好的谈判者弹性很大，能屈能伸。他们了解对手需要什么，并且会改变自己以适应对方的需求。

在促成任何交易时，如果有必要，要能摆脱一般的商业模式。谈生意时，与对方交涉的手段越柔和，就越有机会胜出。

3. 谈判时永远要相信自己的直觉

如果你预先做好功课，下意识便会通过直觉传递线索，要留心这些信息。

谈判时，要留意你的直觉是什么。别突然接受专家的忠告（他们的建议或许隐藏了某些既得利益，这些是你先前没有觉察到的），此时你反而应该信赖自己的直觉，对自己的商业判断有信心，然后铆足干劲让直觉发挥作用。

4. 事先决定自己想从交易中获得什么，但自己知道就好

如果你在谈判过程中谨慎明智地透露信息给

对方，就有更大弹性达成协议。

别受自己的期望局限，有时在谈判过程中，有利可图的新点子或许会在你意想不到的情况下浮现。如果你没在一开始就把未来的做法确定下来，就可以不着痕迹地朝新方向迈进。

关键思维

给自己喘息的机会，只要你还未向对方作出任何承诺，中途改变心意并建议不同的做法都是无妨的。我只是快速将信息消化吸收，并以对方和我自己都预料不到的方式前进，这就是我认为谈判令人兴奋的原因。

——唐纳德·特朗普

5. 只要策略正确，便可放下戒心

有时在谈判过程中，或许可以提供一些敏感的重要信息来试探对方的反应。

有时在讨论过程中可以作出不列入记录的评

论，这或许会鼓励对方坦诚回应，从而说出不为人知或有趣的信息，至少你的行动可以证明对方对无法预测的情况是否能够应付自如。

想在谈判中发挥最大功效，你必须摸清对方的底细。如果你清楚对方的过去，就知道他们现在是否在吹嘘。你也应该假设他们把你研究得很透彻，知道你何时在试图掂量对方的斤两。

关键思维

我在会议中可能会语出惊人，目的只是想看看对方究竟玩什么把戏或采取什么立场，以及是否会持反对意见，这是评估对方是否有勇气的好方法。

——唐纳德·特朗普

6. 有时固执是项资产，但耐性永远是必需品

有些情况下顽固是有效的，但你永远要有

耐性。

谈判时，当你坚持不放，直到获得大家都以为不可能达成的结果时，顽固可能会是项资产。想做个谈判能手，你必须拥有足够耐性，让交易顺其自然地完成。

让谈判缓下来，以便有更多时间思考下一步（并允许对方主动让步）：

◎ 告诉对方，你将到外地旅行几个星期，回来后再给他们答复。

◎ 丢下暗示，表示在谈判继续前，这笔交易有很多方面还应该更仔细地审视。

关键思维

有次我谈判谈到一半，似乎快到失控的地步，于是我突然问对方是否知道某项发展的历史，并暗示了解这方面会很重要。他们心想，这项发展对双方试图共同完成的事必定有某些影响力，于是便作出让步，花点时间去深究。这也让我有足够时间可以从容不迫地评估每件事，借以控制谈判的进度，最终我取得上风。

——唐纳德·特朗普

7. 有时你必须给人留下深刻印象，甚至不惜让别人恨你

当某人企图伤害你时，有时唯一的办法是以其人之道，还治其人之身。

在商业界，你必须做个偏执狂。如果某人试图从某笔生意中窃取你的钱财或利润，而你又希望维护自尊的话，就必须有所回应。讲得直白一点，你有时不得不与对方对簿公堂。你的行动会让对方知道，在碰到类似敲诈勒索或对方企图反客为主的情况时，你绝不是“软柿子”。

关键思维

近来，我对于报复和偏执表现得更柔和，虽然我依旧相信两者都有必要。但我现在领悟到，报复可能会浪费许多用在新发展、新交易甚至建立更美好人生上的大好光阴。如果你能轻易赶走人生的消极事物，最好这样做，但有时你必须让别人恨你。

——唐纳德·特朗普

8. 学习并了解在谈判时说“不”的可贵

在某些谈判中，你能做的最好事情是对一笔差交易说“不”。那会让其他出价者采取进一步的行动，从而达成更好的交易。

千万别误以为目前的交易对象摆出的是一副“要不要随你”的高傲态度，许多时候，当你放弃第一笔交易时，别处会有更好的机会出现——要坚持。

（1）高人一等的人格——无论你从事什么业务，能让大家感到放心，这会是最必要的人格特质，比如采购、销售、谈判、分析或管理。你必须与自己每天、每小时遇到的人建立人际关系。

（2）头脑灵活——不只是要拥有书本知识，

还要积累丰富的社会经验。只要善加运用，二者的组合将造就赢家。

（3）有创意——有能力超越表象，以难以预测和无法想象的方式进行思考，并且在其他人忽略的地方建立联系。这或许是最难发展的特质，或许你已经拥有，也或许没有。

（4）忠诚与信赖——这些是绝对必要的人格特质。与有创意和头脑灵活不同的是，任何人都可能拥有这些特质，因此如果你缺乏它们，就只能责怪自己。

除非你中了彩票，或在赌场赢得大奖，否则将不可能仅凭运气致富。你必须努力获得财富，而我一直尝试示范给你看。我的理想目标是让自己因为伟大而成功，这比金钱更宝贵。当一个人有能力改变环境时，那感觉真是绝妙，这就是我所说的“因为伟大而成功”。我希望你成为富有的人，也希望你运用自身才能让周围的世界变得更加美好。无论从事什么工作，这都会是你的功课。从现在开始，你被雇用了。

关键思维

别人一直问我《学徒》节目的成功对我的事业有何意义，虽然这档节目每集主持费不少，但对我而言意义不大。真正的价值在于免费广告，以及特朗普组织所获得的媒体报道，这可不能用金钱来衡量。

——唐纳德·特朗普

专家解读

你准备当个人手、人才，还是人物

文/彭培业

在从洛杉矶飞回台北的飞机上，我读了美国房地产大亨唐纳德·特朗普的著作《特朗普：如何致富》，对于投入房地产行业近20年的我来说，唐纳德·特朗普以及他建立“特朗普王国”的成功故事至今仍令人津津乐道。回想自己当初投身房地产行业，一路走来，我始终对工作保持热情，并让公司的业务经营蒸蒸日上。其间虽然未曾有过与特朗普近距离交谈的机会，但从阅读特朗普的著作中可以发现一个企业家对经营事业态度与理想的坚持。

86%的富翁白手起家

特朗普从小生长在优越家庭，却坚持开创自己的事业。虽然商界人士看他残酷无情，熟识者却认为他心地善良。尽管在美国他是个评价两极的传奇人物，但有许多人将他对“经营财富”的观点奉为圭臬。在2004年初，美国NBC推出别出心裁、反映真实人生的电视节目《学徒》，NBC从美国众多的大企业家中挑选特朗普担任此节目的主持人，特朗普在美国受欢迎的程度由此可见一斑，这当然也反映出一般人对成为富翁的渴望。

对于如何致富，其实特朗普在书中很清楚地告诉读者一件事：“除非你中了彩票，或在赌场赢得大奖，否则将不可能仅凭运气致富。你必须努力才能获得财富，而我一直尝试示范给你看。”想成为富翁，但是没有富爸爸也不要太失望，因为根据统计，将近86%的富翁都是白手起家的。这也告诉我们，你我都是有机会成为富翁的，只要学会一套炼“金”术。

要看致富动机有多强

人人都能致富，致富并不是件很艰难的事情，事实上，致富甚至很容易，问题在于，大多数人采用的方法不对。许多人辛劳一生，却永远生活在他们期望达到的生活水平线以下。例如，在自己并不了解的领域胡乱投资；为了致富努力工作，而不是努力让自己变成一个富人；做别人都在做的事情，而不是做富人正在做的事情。希望自己能够在退休时年轻富有，尽管思想和计划很重要，但你的行为最终还是决定了自己的命运，就是你的致富动机到底有多么强烈。

所谓的炼“金”术，我认为其实就是正确致富的诀窍、态度与观念，以及积极行动力的总和，这些会让你有机会成为下一位亿万富翁。我认为想要致富，第一步必须建立正确的理财观念，这一点极为重要，因为这是决定你日后会成为人手、人才还是人物的关键。

读好书并不保证赚大钱

以地位及影响力而言，唐纳德·特朗普绝对是一位不折不扣的“人物”。本书内容充满企业管理的智慧，虽然宣称要教你如何致富，却也告诉你“钱”本身并非目的。在寻求如何致富的过程中，他告诉你有些事情比金钱更重要。与西方人比较起来，中国人有“财不露白”的观念，其传统教育总认为谈“钱”是俗气的行为。在台湾地区，我们的父母和老师总是一再教育我们：要加倍努力，将来考上好的学校，毕业后找一份好的工作，领好的薪水。但只这样做似乎没有办法让我们富有起来。

比如，我们努力学习数学，但老师却没教我们关于金钱的实际问题，学校教育的僵化让许多人的“财富智商”明显不足，摆脱不了“为钱工作”的束缚，无法享受“钱为你工作”的财富，这是学校没教的事，但却是关系你我一生的重要事情。对孩子最糟糕的教育莫过于告诉他要用功读书，以便谋得一份高薪工作。

这样说并不是意味着学校本身不好，而是不希望让孩子终其一生仅仅是为了拿一份高薪而工作。我知道，大多数人向往那种能给自己带来高薪的工作职位。然而，让人终其一生为了一份高薪而工作，就像教人做一个生活的高薪奴隶。特朗普在书中教我们许多“态度”和“观念”，在我看来，这些宝贵的态度和经验却可以决定将来你是一个任上司使唤的“人手”，还是可以独当一面的“人才”，或者成为众人仰慕、学习的“人物”，当然这也会带你建立起个人财富的新视角。

特朗普式微笑

特朗普曾说：“如果有任何人认为我的前途会黯淡无光，那他就大错特错了。”

今天看似不可一世的特朗普，其事业拓展与个人发迹的过程也并非一帆风顺，但他却能以略带幽默的沉稳坚毅态度面对在事业上遭遇的任何棘手问题。特朗普总是不忘面带其英雄般的“特朗普式微笑”，他的自信让他成为一位在美国家喻户晓的人物，这就是他面对人生的态度。因此，态度和想法决定了你希望生活在哪一个世界：是想生活在一个穷人的世界、中产者的世界，还是一个富人的世界？我相信大多数的人会选择生活在富人的世界中。虽然如此，但是他们却没有迈出具有决定意义的第一步。

有时最好的投资是不投资

想要致富，还需要积极的行动力，在你作出决定的那一刻，你的生活将会发生彻底改变，有时最好的投资是不投资。特朗普在书中对于事业与金钱有许多恳切的忠告，并对谈判沟通与商业管理有他独到的看法，我个人认为无论是在财富经营还是企业管理上都可受用不尽。

例如，在他对金钱的忠告中提到“永远只投资自己懂的东西”，这与沃伦·巴菲特的投资策略不谋而合，你也应该遵循，千万别让自己的血汗钱承受无谓的风险。他说：“我能和你说的最有智慧的事情是只投资你懂得的产品，而且把钱交给你确认足以信赖的人。有时，最好的投资是不投资。”

因为热情，事业自然成功

根据我多年来经营管理北区房屋的经验，在事业经营上我也是持有相同的想法，就是必须专注在你热爱而且熟知的事业上，这一点是经营成功事业的关键，我相信它也是致富的关键。

在房地产行业打拼20年，我深知这是一门会令人“着迷”的行业，因为我对房地产业充满热情。专注于我们热爱及熟知的事业就是将我们的事业和价值观结合在一起，而我们的价值观正反映了我们的生活信念。一个热爱事业的企业家会因自己对这个世界有所贡献而骄傲，自然也会将他的所有心思与灵魂投入到他的事业上，事业自然就会成功。

要建立正确的金钱观，时代在改变，信念也在改变。我们常说金钱是“流通的货币”，金钱是要流通使用，而不是拿来储存囤积的。从远古的以物易物，到如今的信用卡付账，证明了时代的确在进步，信念因此也在发生改变。创造财富并非指创造货币的币面价值，而是指一个创造的过程，即可以为你带来金钱收入的过程。在赚钱前，我们要先在心中想出一套创造的方法。为了创造财富，必须先摒弃一些以往的狭隘想法，比如“为了赚很多钱，我必须投入很多时间”等，一旦抛弃了这些想法，就能开始创造想要的财富，为自己的生活带来成功和幸福。

虽看不见未来，但可创造未来

市面上有许多教人如何致富，甚至快速致富的书籍，它们大多写得相当不错，很多理财致富的观念或做法往往不谋而合。但是，这样并无法让每个人都富裕起来，毕竟，只有每个人才能自主决定想拥有多少钱和愿意付出的代价。如果能看到未来，并知道会发生的事，很多人将会更加努力。或许我们没有能力看到未来，但你我能做的重要事情就是创造自己的未来。你今天付出的多少将会决定明天收入的高低，所以，无论决定希望拥有什么，都要竭尽全力。

如果你下次有机会到美国纽约，别忘了参观位于血拼天堂的第五大道入口以作者命名的特朗普大楼，这栋68层高的大楼与这位富豪品位很接近，在第五大道的高楼大厦中显得特立独行。走进去的话更能体会其极尽奢华的风貌，大厅与高挑的中庭完全以粉红色的大理石拼贴，黄铜色的楼梯扶手配上从角落投射的探照灯，共同交织出金碧辉煌的华丽感受。也许这是资本主义的错觉或者暴发户的心态，但你在深入了解特朗普个人及其企业体系的核心价值后，就不难发觉一个认真的事业经营者对工作的热情早已远超自己对金钱财富的追求。在台湾地区，王永庆如此，郭台铭亦然。

作者简介

彭培业，北区房屋首席总经理，身兼台湾地区房地产经纪人协会理事长等重要职务，著有《民进党执政下的台湾房地产》及《台湾房地产证券化首论电子有声书》，为台湾地区营销、企管、房地产趋势研究及行业分析的专家。

脑力爆米花

Smart For Life

How to Improve Your Brain Power at Any Age

原著作者简介

迈克尔·查菲茨(Michael D. Chafetz)，著名临床心理学家，多年来持续针对不同年龄阶段的儿童、青少年及成人进行临床心理与神经反应实验，并将所有研究数据综合整理后，于1985年发表。他还获得过“理查德·格里菲思奖”，并著有《营养与神经传递》等著作。

本文编译：陈智文

主要内容

关键词解读

大　脑

人类的大脑外层是由一层很薄的、有皱纹、被称为“大脑皮质”的灰色组织所包裹覆盖。而大脑内部主要可分为左右两个半球，除了中央底部的松果体以外，每种模组在两个脑半球都各有一个，各司其职，并密切配合各自的专长，称职地掌管两边大脑的工作。

基本上，两个脑半球的功能分布是左脑偏重分析、逻辑、精确的思考，对时间敏感度高，能够执行设计复杂的计划，因此左脑便成为现代人成功的幕后功臣；至于右脑则是个“梦想家”，多半以整体角度看待问题，因此右脑重感觉知觉，抽象的认知较少，同时也比左脑情绪化，也被称作“悲观的脑”。我们的大脑有“100 万亿个”神经连接，每一个“连接点”(突触）都可以成为记忆的一部分，所以一个人大脑的记忆容量可以说是无限大。

大脑还隐藏着无限的奥秘，瑞士苏黎世医科大学的研究人员曾在《神经学期刊》上发表过一个案例，一位 73 岁的妇人在中风后丧失了一些脑功能，大部分都与视觉相关。后来经过治疗，患者大部分的脑功能逐渐恢复正常，却不能再做梦。研究人员据此推断，大脑在某处特定部位受损后，除了受到视觉干扰以外，也将丧失做梦的能力，而这个发现也为做梦这个生理现象提供了一个研究的新视角。

智 商

一般人所提及的智商是显示个人智力相对水平的指标，如果心智年龄超过实际年龄，则表示智力比常人高，反之则相反。这种以单一数量表示个人智力高低的方法缺点很多，因此目前所指的“IQ”已改用差离智商“deviation IQ”方法代替，只是习惯上仍用“IQ”统称。差离智商是把智力测验上得到的分数换算成标准分数，配有一定的平均数及标准差。其优点在于不仅代表了个人智力的高低，还可以和同龄人比较智力。另外，有项有趣的研究发现，具有下列 6 项特质的孩子会比较聪明：即远血缘婚配生育的孩子、父母在最佳生育期生育的孩子、吃母乳长大的孩子、体重适中的孩子、坚持吃好早餐的孩子，以及勤于运动的孩子。

5分钟摘要

人脑就像肌肉

只需花时间做规律运动，便可提升想象、记忆、创造、沟通及推理等大脑功能，但是，类似的身体锻炼计划、良好的营养和充足的休息也是大幅增强脑力不可或缺的要素。

有趣的是，不论任何人、在任何年纪、有多么不同的背景，都可以通过提升脑力来改善生活品质。这类脑力增强计划的实际好处包括：可以增强快速思考的能力、为生活注入更多创意，对于重要的人、事、物可以记忆得又快又牢。

聪明地生活不是个难以企及的梦想，而是任何人都触手可及的实际目标，只要你愿意付出努力。

引　言

大脑对运动的反应和人体其他部分一样，因此系统的大脑运动计划能帮助你：

(1) 改善解决问题的能力。

(2) 增强表达能力和沟通技巧。

(3) 提升逻辑推演的程度。

(4) 记住更多细节。

简单地说，要有更聪明、更好的表现，就应该立刻执行系统的大脑运动养生法。

学术界对心智的研究称为神经科学，因其重点在于脑神经元及神经细胞领域。

20 世纪 60 年代以前，神经科学认为智力与脑容量大小成正比——脑越大就越聪明。但自 20 世纪 60 年代后期和 70 年代早期之后，学术研究的重心转为突触——即两条神经纤维相接处的空隙（两者间的传导是靠化学物质）。目前研究显示，尽管神经细胞的数量是固定的，神经突触的数量却能通过经验累积而发生改变，包括大脑运动。因此，大脑运动可以改变并塑造行为能力。

神经科学接着把研究目标放在智力高低是通过遗传，还是可由外力刺激而发生改变的问题上。早期研究偏向于智商遗传的途径，但近期研究已经认定，成年人的智商只有25％～49％是基于遗传因素，其余则受到营养、酒精、药物和接受信息刺激等因素的影响。

神经学家现在发现，对于肌肉运动使用的两种蛋白质——即肌动蛋白与肌凝蛋白，脑细胞在沟通时也要用到。此外，肌肉运动要用到的钙、钠和化学能量也对大脑运动有益，换句话说，大脑细胞的生理变化过程和肌肉细胞相同。因此，大脑细胞对于运动的反应方式也和肌肉一样。

大脑功能可分为下列5种：

（1）语言能力——本区包含口头和书面的沟

通能力、对文字意义的理解、表达的清晰度和词汇运用的能力。

（2）空间能力——结合理解能力，然后进入现实世界，执行特定的困难动作，这是基本的运动能力。

（3）逻辑——思考事物以得到合理结论的能力，以及根据目前或过去的经验，分析并预测未来的能力。

（4）记忆——能够依照不同程度的需要，详细地回想过去复杂事件的能力。

（5）创造力——能够用特殊方式理解事物，或者能将普通事物以意想不到的方式加以组合的能力。

如同任何身体运动计划，能有多大程度的改善完全取决于我们能否持续系统地测量、监控大脑的应变能力。大脑应变能力的主要测量基准为：

（1）反应时间——大脑对新信息的反应有

多快。

（2）完成时间——解决单一问题所花的时间。

（3）解决问题时共犯下多少错误。

关键思维

拥有聪明机敏的心智还不够，重要的是能好好运用我们的心智。

——勒内·笛卡尔，法国著名哲学家

一旦脑细胞因视觉、语言或解除困难而启动，便开始改变并吸收更多化学能量，重组神经末梢和感受体，组成新的联系点。总而言之，脑细胞会对一般功能更娴熟，变得更聪明。如果说这有一点像肢体运动，的确是个贴切的比喻。让自己更聪明、适应力更强的方法就是“训练”那些能帮助你生存的大脑区域，如同以运动和经过指导的方式锻炼二头肌和四头肌。让那些神经利用更多能量，并产生更多感受体与酵素，大脑就可以帮助你提升各项能力。

——迈克尔·查菲茨

肢体或心智的运动最大的共同好处是不论你从几岁开始，永远都有改善的机会。只要有基本的健康条件，脑细胞就能够在任何年纪产生完整的感受体和酵素，并形成改变。但越早开始，大脑就有越多时间进行这些改变，而且你受益的时间也会更长。

——迈克尔·查菲茨

人类心智的学习能力与愿意不愿意接受挑战有关，因为大脑具有不断改进所需的物理及化学特性。

——迈克尔·查菲茨

每一次面对智能的挑战都随着神经处理这项脑部刺激的反应产生特有的记忆，这种细胞组成的记忆是我们利用不同程度的特定脑功能留下的记录。随着我们从某种层级的刺激攀升到下一层级，神经回路也会自我调整，以适应更多的运动。虽然我们无法看到强化大脑的运动如何运作，却可以感受到脑功能的提升。

——迈克尔·查菲茨

了解大脑里储存的那些东西——不论是微小具体的事例，还是感官的记忆，最后这些都将成为大脑生化结构的一部分，它们都是相当重要的。大脑因为我们存入的东西而发生改变，大脑运动就是放入能让大脑改进的原料。

——迈克尔·查菲茨

进步的主要障碍并非无知，而是对于知识的错误观念。

——丹尼尔·布尔斯廷

美国社会历史学家

一　准备进行脑力训练

要充分利用大脑运动计划，重点在于：

（1）供应适当的营养。

（2）消除外来的刺激物。

（3）充分休息，预防脑力疲劳。

本质上，以上3项重点应该是大脑敏捷度训练计划的准备工作，只有做好准备才能完全实现计划。

1. 供应适当的营养

大脑利用营养素和化学能量来回应大脑运动，这些养分来源是我们摄取的食物。

遵循下列建议给大脑提供足够的营养：

◎ 均衡的饮食应包含：

蛋白质——奶、蛋、鱼、肉类。

糖类（碳水化合物）——水果、蔬菜、谷

类、面包、面条类。

脂肪——牛油、人造奶油、花生、奶酪。

矿物质——钠、钾、钙、镁、锌。

维生素——维生素 A、B、C、D、E 和 K。

均衡的饮食必须涵盖每一种主要食物类别，分别是——肉类、蛋类、乳制品、谷类、蔬菜、坚果类、水果、脂肪和油脂类、糖与甜食。

◎ 拟出一套提供足量营养成分的均衡食谱，养成良好的饮食习惯（市面上有很多可供参考的方法，细节可以参考任何一本饮食书籍）。

◎ 结合食物与心理状态。如果你需要为即将召开的会议增加大脑的灵敏度，可以吃奶酪、无花果、葡萄干、巧克力、坚果或种子类食品（不要将这些食物与含有阿斯巴甜的减肥饮料相搭配，那样会适得其反，造成脑力衰退）。

相反，如果你需要在会议前平静心情，可以吃高碳水化合物的食品，如脆饼、洋芋片、糖果、饼干、蛋糕、水果，这些种类的食物能增强大脑应付紧张气氛的能力。

一般来说，大多数人都能从食物中获得足够的营养，无需额外补充营养剂。不过，如果缺乏均衡的饮食，你可能就需要补充某些营养剂。针对这种情况，你应该找专家咨询。

如果想养成包含上述营养的饮食习惯，可先从美国国家科学研究院的“食品营养委员会”等机构着手，这些组织均提供大量详细的信息。

2. 消除外来的刺激物

外来刺激物会直接影响大脑的沟通能力，并抑制神经活动。

关于这些外来刺激物，有下列几点建议：

◎ 酒精是一种镇静剂而非刺激物，其作用是镇静神经，降低清楚思考的能力。如果你要通过运动改善脑力，应该避免接触酒精。

◎ 可卡因很容易被脑细胞吸收，进而抑制沟通能力。它正好与大脑运动有相反的效果，因此应该完全拒绝可卡因。

◎ 安非他命也会导致意识混乱，如果长期摄入，身体会产生抗药性，必须服用更大剂量才能产生相同的效果，因此也应该完全避免接触安非他命。

◎ 适量的咖啡因不会显著影响大脑的运作，但过量的咖啡因可能造成兴奋、失眠和精神疲劳。

◎ 就脑功能而言，少量的尼古丁相对有益，但大量吸收却会抵消大脑运动的益处，造成相反效果。

◎ 虽然大麻被认为能促进愉悦的感受，但那种感觉实际上是麻木、神经迟钝和注意力无法集中的现象，因此也应该避免接触。

◎ 大部分的处方药都会对大脑运动的成效造成负面影响，根据经验，最好的方式是在结束用药期后，再开始进行大脑运动计划。

◎ 许多非处方药（成药）都有降低大脑知觉的副作用，尤其是抗组织胺，但其他如降充血剂这类的成药则不会有类似影响。要小心谨慎，仔细了解每一种药物的功效和副作用。

◎ 毒素不只会影响正常的思考能力，还会导致大脑组织细胞损坏，例如铝和其他稀有矿物质。每个人对毒素的反应有很大的差别，运用已有的常识，尽可能随时随地避免吸收铝和其他毒素（食品标签在这方面也能提供额外的信息）。

保护大脑免受污染的最佳方法是确保日常饮食中有足够的维生素和矿物质，这样，万一你不慎吸收到毒素，毒素还必须和有益的维生素与矿物质竞争才会被人体吸收。

显然，纯粹从脑功能而言，最健全的方法是尽一切努力避免接触外来的刺激物，这些刺激物都可能对大脑功能造成负面影响，并且与大脑运动最终的期望目的完全相反。

3. 充分休息，预防脑力疲劳

要保持精力充沛，为运动做好准备，必须注意下列 4 项要素：

（1）睡眠——大脑利用睡眠时间制造蛋白质（用来储存记忆），并整理所有最近需要的新信息。因此，睡眠期间可强化长期记忆。

如果可能，中午小睡10～15分钟能改善一整天大脑活动的品质。如果无法办到，完全改变日常的生活或工作节奏也能有类似的效果——把注意力放在字谜游戏、一本好书或完全不同的事情上。

夜晚休息前，避免摄取高蛋白或含咖啡因的食物。上床前半小时吃一些高糖食物，可以帮助调整人体内的化学平衡，更容易进入深度睡眠。

（2）生活乐趣——心情好时，你会变得更有效率、更专注，甚至忘记时间的存在，全心投入眼前的工作，这些都是能直接影响大脑灵活度的现象。

因此，选择自己喜欢的大脑运动，不要用不得已参加考试的态度去面对，要把大脑运动看作一种吸收知识与获得新进步的机会。只有衡量运动的成果才能对自己的进步感到满足，但要选择你真正喜欢的运动项目。

（3）肢体运动——任何需要肢体动作协调的运动都必须经过练习才能进步，但那种练习不会明显影响肌肉。截至目前，最大的进步是让大脑控制动作的能力更熟练、更准确。

此外，肢体运动能通过大脑与其他身体组织的沟通来刺激神经系统，肢体运动对这些沟通网络所带来的改善也能应用到身体其他功能和需求上。

总之，保持规律的肢体运动对大脑灵活度的好处不亚于增进心血管和肌肉的健康。

（4）预防精神疲劳——一旦大脑不再处理接收到的信息，就表示精神开始疲劳了，原因是缺乏足够的化学能量，它们通常取自于含有钠、钾和钙的食物。大脑陷入疲劳，其判断力就会减弱，灵活度也会降低，但引发疲劳的情况消失后，大脑就能恢复正常。

一般来说，身体如果能在睡眠、乐趣、肢体运动和预防疲劳等方面获得适当的满足，就能持续改善脑力。在大脑的持续运动过程中免不了有高低起伏，有些时候进展慢一点，有时候进展快一点，但这是生理发展的常有现象，重要的是长期改善，而不是每日的变化。

关键思维

睡眠、乐趣、肢体运动和预防疲劳都是大脑健康的必要组成部分，它们协助大脑通过运动获得改善，让大脑发挥最大的功能。你如果忽略其中任何一项要素，就很难改善整体表现，这就如同期望一家经营顺利的企业在没有营销部门的情况下赚钱。你必须让所有部门都发挥最高效率，这样企业才能成长，大脑的运作也一样。

——迈克尔·查菲茨

第一步是做好大脑养生的准备，方法是增进大脑整体的健康——这个概念类似增进肌力的第一步是改善身体健康。和身体健康一样，增进大脑健康的方法是摄取某些食物、避免接触某些药物、预防疲劳，给大脑提供足够的睡眠、乐趣和肢体运动，只要你的大脑足够健康并有了充分的准备，就可以开始进行大脑运动。

——迈克尔·查菲茨

随着你开始了解大脑的本质，也就是大脑如何控制生活的不同层面之后，就会发现，该怎样利用这项本质去满足个人需求。你知道目前想要增强哪些大脑功能，并在未来最需要的时候改善其他部分的大脑功能。

——迈克尔·查菲茨

二　大脑运动的基础

均衡的大脑运动必须包含下列5项重点：

（1）空间能力。

（2）沟通能力。

（3）记忆力。

（4）逻辑思考能力。

（5）创造力。

1. 空间能力

空间能力反映出大脑如何对现实世界实体物品的视觉刺激作出反应，通过提高空间能力，你能够简化问题并找到解决方法。

（1）外形体操——想象眼前有一个三角形，一会儿变大，一会儿变小，一会儿中空，一会儿消失，然后又旋转，等等。接下来，将三角形与另外3种不同形状的物体并列，更换各种形状的排列顺序，轮流想象每种形状的变化，但在改变顺序的同时，不要改变物体的大小。

（2）记忆家具摆设——俯瞰你的家或办公室，仔细想象每个房间里的每样家具或摆设，然后实际走进那间房间，比较脑中的画面与现实的情况差异有多大。现在在脑中重新摆设每个房间的家具，然后一次一项、把这个房间内的物品移动到另一个房间，最后再想象把每样东西都物归原处，慢慢增加这项练习的难度。

（3）连连看（两人一组）——在一张纸上画三四点，每个人轮流在任意两点之间画一条线(可以形成任何形状)，条件是：

◎ 线条不能重叠、相交或穿越第3点。

◎ 任意一点不能有3条以上的线通过。

用最少线条完成整体形状的人获胜，输家就是被迫画上最后一条线的人。

（4）背面拼图——拿出一副拼图玩具，使用空白的背面（不是正面图案），仅凭每块拼图的形状完成拼图。先从简单的拼图开始，慢慢增加难度，记录完成每副拼图所花的时间。

（5）空间购物地图——购买杂货时，试着想象你要买的东西放在哪里，然后直接走到那里，不要顺着一排排的货架来回逛。为店里的商品画出一幅详尽的心象地图，甚至包括那些很少购买的杂货，想象每件物品的位置。

（6）空间驾驶——想象自己正在俯瞰驾驶的路线，只要心中浮现某个地标，就到那个地方找出这个地标。只要一发现新的项目，就将其加进你的心象地图，在此过程中依次增加不同的层次和难度。熟悉一条经常驾驶的路线后，便可开始加入其他路线。

（7）角色扮演电子游戏——市面上许多电子游戏都需要先建立一个游戏环境的心象地图，然后显示器上的角色才能找到自己的定位，这些都是训练空间能力的绝佳工具。

2. 沟通能力

增强沟通能力可以让你变得更有说服力。

（1）阅读——增加阅读书刊、杂志和报纸的时间，如果有可能，集中阅读诗词、小说，因为这些文体是最精妙的语言。

（2）对话——每天至少和某个你尊敬或喜欢的人进行一次有意义的对话，记录你在对话中总共提过多少好观点。

（3）学习一种新语言——这可以强迫你用新奇的方式刺激脑中的语言回路。

（4）文字游戏——经常玩涂鸦、猜字谜或换字造词等游戏，根据自己的喜好加入竞赛元素，或缓慢轻松地进行，记录你完成每项游戏所需的时间。

（5）发音有氧体操——找出一些难忘的绕口令，列出一张个人练习单，计算自己毫无差错念完整组绕口令5次所花的时间。

（6）听自己的声音——拿录音机录下自己朗

诵的一段文章，然后塞住耳朵再念一次。仔细对比两种版本，看看是否可以听出两者之间有什么细微的差异。

（7）词汇奥林匹克竞赛——选一个英文单词，以这个单词的所有字母为限，分别用每一个字母为首，拼出另外两个至少有 3 个字母的单词，然后增加到 4 个、5 个、6 个字母，等等。

（8）模糊不清的意义——坐下来，列出一个你自己认为意义含糊不清的句子，试着每天加入一个新句子，并找出具有 3 种不同意义的句子。

（9）弦外之音——列出一个同时具有表面意义和更深一层意义的句子，这些句子听起来不错，但事实上却隐含侮辱，看看你能找到多少个这类句子。

为了进行这些运动，你应该随身携带一本记录自己表现的笔记本。持续记录完成各项运动所需的时间以及自己的进度也是量化实际进展的一种方法，这样才能保持高度的热情。

除了提高士气，保持记录也能给你提供额外的构想，使你发现自己可以尝试哪些变化，并让练习保持新鲜有趣。

3. 记忆力

改善记忆能带来许多有益的后续效应。

改善记忆的关键在于将短期记忆中的事物转化为长期记忆，大多数的运动都着重于提升这种转换能力。

（1）回想求学时期——回想自己在校时学过的一首诗或一篇文章，尽可能地回忆，然后核实自己的记忆正不正确，随时记录后来想起的额外记忆。

（2）搜寻记忆错误——试着回想过去 3 周来所犯下的 3 次记忆错误或习惯性错误，分析错误发生的原因，你是否对于自己应该改变哪些习惯有任何深刻的体会？

（3）联系面孔和姓名——随意列出 10 个姓名，想想用什么方法能将这些名字加以编码，以便日后回想，比如放大姓名中的某一部分。然后在现实生活中练习，借此记住平常与你接触的人。记录自己每周能记住多少人的姓名，只要把脸孔与姓名在心中的代号相连即可。

（4）特定位置——想象家里或办公室里 10 个特定的位置，在每个位置分别放上一样东西，然后从头回想一遍每个位置所放的东西。编一个包含所有东西的幽默故事帮助记忆，然后再从头回想一遍。现在你已经具备记忆 10 项随意物品的记忆结构，记录自己每天使用这项记忆结构做了几次练习。

（5）辅助记忆——针对一组项目，设计一个有趣又容易记忆的句子，每个单词的第一个字母都和其中一个项目名称的第一个字母相对应，记住这个句子就等于拥有所有项目的索引。用这种方法记忆不同大小的群组项目，直到养成习惯为止。

（6）记忆基础——开发一组自己的记忆基

础，这些基础能让你想象出分别以每个英文字母为首的10个词汇。当你列出这些需要记忆的事项后，编造一个能结合所有记忆基础和新事项的有趣故事。之后，你应该可以轻松又生动地回想起这些新事项。要有规律地练习，并且记录自己的表现。

(7) 化零为整——把一长串的事项集结成合理的群组或模式，例如，可将一串数字分成4组，将其想象成一系列的年份。利用这个练习将一长串的事项分成群组，以提高你的脑力。你可以和朋友竞争，比较谁表现得更好。

同样，最好以书面形式记录并测量增强记忆的过程，这样你才能对自己过去和现在的表现有明确的记录。通过有规律、不间断的练习，你可能对记忆可以在短时间内获得改善感到惊喜。

4. 逻辑思考能力

逻辑是理性思考，是一种规避所有足以混淆思考的心理陷阱的能力。

如同其他大多数大脑运动，理性思考的能力也可以通过练习而大幅改善。

（1）找出利弊得失与有趣之处——在纸上写下一个主题，分别列出主题项下所有的优、缺点。最后，列出所有一开始不太明显的有趣构想，再看看这3项下各自列了多少项目。

（2）寻找逻辑谬误——拿一本日记本，根据下列类别写下每天遇到的逻辑谬误：

◎ 过度归纳——用不够充分的资料寻找模式。

◎ 信口开河——只依据少量的资料就作出偏颇的预测。

◎ 人身攻击——回避议题，把矛头指向个人。

◎ 迷信——乱凑事实，只为了配合某种偏见。

◎ 类比——使用毫无根据的比较。

◎ 权威——证据重于事实。

◎ 群众诉求——多数人的看法一定是对的。

◎ 循环争论——前提就是结论。

◎ 过度简化复杂的情况。

通过这种运动，你会对这些过去不经意所犯的逻辑谬误更加敏感。

（3）逻辑问题——到书店买一本讨论逻辑问题的书，经常解题，练习就不同假设性的问题推演出符合逻辑的解决方法。逻辑训练做得越多，你在现实世界中解决实际问题的能力也会越强。练习得越多，逻辑思考能力也可以获得越大的提升。

怎样才能知道自己的逻辑思考能力是否进步？逻辑思考能力有进步时，你就会很快发现下列问题：

◎ 过于武断的发言。

◎ 毫无根据的归纳。

◎ 情绪性语言取代了有事实根据的合理言论。

◎ 意见与证据之间的差异。

◎ 证据与主题之间的关联性。

◎ 从前提到结论之间是否有一段逻辑思考的过程。

◎ 证据是否完整，或不支持优先结论的不利资料是否被省略。

换句话说，随着逻辑推理能力的增强，你可以更清楚地辨识出这些不理性的情况。在大部分现实世界的情境中，解决问题都需要依靠记忆、逻辑和洞察力的相互配合。受过心智训练越多的人，越会坚持逻辑思考，个人成功的机会也越大。

5. 创造力

创意思考本身就是一个庞大的领域，广泛地说，商业上的创意思考能力有高度价值，相当值得培养。

（1）污渍与影像——就任意一个形状或花样，坐下来写出它可以激起哪些感觉。然后再从头编写一则全新故事，看看你能从同一个起点变化出多少种不同的想法。保持记录，试着每次练习都多写出一种结果。

（2）自由联想——拿出一张线条画，写下它可能代表的几样东西，继续想象直到写出一长串可能的结果。

（3）逻辑联想——想象一个不寻常的情境，然后尽可能列出该情境合理的现实可能性。同样，看看自己能想出多少结果。

（4）假设推论——针对一项假设事件列出所有合理的推论，如果这种或那种情况发生，会产生什么结果。同样，看看你能想出多少合理的结果。

（5）策划一桩谋杀疑案——构思一出悬疑剧，把自己想象成作者，策划一桩谋杀案，其中有完整的角色、一些线索和混淆视听的额外信息等。看看你能编造出多么复杂的故事。

（6）打油诗——尝试创作打油诗，如果有需要可以先做些研究，因为作诗必须运用你所有的语言创意。

（7）文字变换——使用一个英文单词，一次更换一个字母，直到出现另一个单词为止，尽可能用最少的更换次数达成变换。

（8）双关语——列出一些单词，然后找出这些词的个别双关语。写下你找到的双关语，不断延伸你的想法，试着想出一个有趣的故事，让双关语成为故事中最精彩的部分。

（9）白日梦——花时间创造一个想象的情境，不需担心后果，因为白日梦非常隐私安全。让自己的想象狂野地释放，添加各种活泼的具体情节。挣脱日常生活的束缚，看看你的白日梦能否导向某个有趣的境界，你甚至可以在这个放松的状态下想出重要问题的创意解决方法。

在许多情况下，创意涌现只是因为你暂时释放了自己的赤子之心。许多问题之所以能够找到充满创意的解决方法，是因为你允许自己以“玩耍”的心态提出愚笨的想法，不顾现实世界的限制而进一步探索世界。

三　系统的大脑运动养生法

多数人的生活非常忙碌，要腾出时间进行规律的大脑训练是一项挑战，但本质上仍可采用下列 3 种不同的方法：

(1) 闲暇时间训练——利用日常简短的空闲时间做大脑训练运动。

(2) 寻找训练伙伴——找到一个大脑运动的训练伙伴，利用两人都方便的时间进行训练。

(3) 完整的大脑训练——如果你希望采取更为系统的方法，就必须花时间进行更正式的大脑训练。

没有绝对正确或错误的方法，所有的训练方式都各有优缺点，如同大多数规划，重点在于找到适合自己的规律并持之以恒。

1. 闲暇时间训练

这个概念是充分利用日常生活中零散的空闲时间进行大脑运动，这种方法让无用零碎的时间转变成增强脑力的时间。

下列是安排闲暇时间进行大脑运动的范例：

（1）上班前。

◎ 空间——外形体操、记忆家具摆设。

◎ 记忆——记忆基础、报纸上的10篇报道。

◎ 语言——发音有氧体操。

◎ 创意——假设推论。

（2）上下班期间。

◎ 空间——心象地图、有声书、词汇奥林匹克竞赛。

（3）会议当中。

◎ 空间——记忆家具摆设。

（4）休息时间——背面拼图、角色扮演电子游戏、模糊不清的意义、利弊得失与有趣之处、污渍或影像、不同选项、打油诗。

（5）晚餐后——猜字谜、阅读、分析逻辑谬误、策划谋杀疑案。

（6）睡觉前——电子游戏、分析小说中的文句、创造一个影像、污渍或影像。

上述的训练时间表只是一个例子，你可以按照自己的作息及需要重新调整安排，如加入其他运动，或取消收效欠佳的运动，也可以用自己喜欢的运动予以替代。

利用这些零散时间的主要理由在于，通过规律而持续的大脑训练，原本被浪费的时间反而能够以富有创意与建设性的方式改善你的脑力。

2. 寻找训练伙伴

如果你有一起执行大脑运动计划的伙伴，上述大部分运动都能以这种形式进行。

此外，还有其他适合两人尝试的训练，这些包括：

（1）绕口令——编出一段绕口令，你和伙伴必须分别说5次，越快越好，舌头最先打结的人认输。

（2）猜词游戏——一人先想好一个英文单词，说出总共有几个字母，第二人先猜一个单词，第一人再告诉他其中有哪些字母正确。记录第二人需要猜多少次才能得到正确答案，然后两人交换重复猜词的训练。

（3）单词造句——每个人选择一个英文单词，然后必须用那个单词造出一个句子，当中必须提及以该单词为首的某个地点与某项活动。日后还可以加入其他条件，以提高游戏难度。

（4）辩论——设定一个主题，指定其中一人担任正方，另一人担任反方。每个人分别列出10项支持各自立场的观点，然后交换。试着找出对方观点中的逻辑谬误，找出最多的一方获胜。

（5）假设推论——一人在脑中思考一项假设性的推论，然后说明推论的各种可能推衍结果，但不能提到原始的假设性推论是什么。其他人继续依据更多推论的可能结果猜测，直到能准确指出原始的推论是什么。然后角色对换，需要最少提示推论出可能结果的人获胜。

（6）看图猜谜——一人用图画取代行动，表达一个简单句子的意义，并计算另一人猜到谜底所花的时间，用时最短的人获胜。

（7）连连看。

（8）涂鸦。

（9）电子游戏。

（10）猜字谜竞赛。

（11）脑筋急转弯——买一本脑筋急转弯的书，比赛谁能在最短的时间内想到答案。

3. 完整的大脑训练

如果你想采取更正式、更加系统的大脑训练方法，请记住下列要点：

◎ 把你的表现记录下来，这对于记录训练的进展非常重要。

◎ 尝试所有运动，并设计出两套完整的训

练计划，每一项训练计划都应该达到均衡（包含5大大脑运动类别），接下来，你可以轮流进行几套不同的训练计划。采用这种方法不但可以增加变化，而且不会在不知不觉中养成走捷径的不良习惯。

◎ 别忘记训练计划中对营养的需求，确定你的大脑训练包含供应所有必须的养分和食物。

◎ 如果你的训练是为了应付考试或其他特殊事件，可尝试用下列步骤来增加训练的强度：

第一周：建立基础。每天进行两三种大脑训练，开始唤醒你的大脑功能。

第二周：加强。开始增加大脑运动的强度，提高难度，以给自己更大压力。

第三周：集训。在这一周中，你的大脑训练强度达到最高峰，针对你认为最困难的项目，集中力量进行大脑运动。

第四周：先紧后松，最后验收成果。本周一开始，你还是应该采用最复杂的大脑运动练习。

大约到周三、周四时，开始慢慢减少训练活动，最后做些有趣的脑部活动放松一下。

◎ 别忘记你的心智就像肌肉一样需要休息，每周休息一天，让自己完全放松，之后便能重新振作、精力充沛。

◎ 长期记录每日进展和你的自身感受。写下自己在心智特别敏锐时做了哪些事情，寻找模式，并进一步了解自己的心智状态。你可以利用这些记录调整现行的训练计划，随时灵活地设计自己想获得的效果。

抓住记忆，抓住机会

The Business of Memory

Fast-Track Your Career
With Supercharged Brainpower

原著作者简介

弗兰克·菲尔伯鲍姆(Frank Felberbaum)，创办了顾问公司“记忆训练系统”，并且担任公司的董事长。菲尔伯鲍姆为超过175家的大型企业客户提供咨询服务，讲授记忆训练以及脑力开发的技巧，也在瑞士日内瓦创设了记忆训练研究中心。他曾数次参加电视节目，并被多篇报纸及杂志专题报道过。

雷切尔·克兰兹(Rachel Kranz)，获奖作家，曾经和其他作家合著多本科学及医药领域的专业书籍。

本文编译：余宜芳

主要内容

关键词解读

记忆开发行业

人类自古以来就不曾停止追求记忆方法的改进。古希腊诗人西摩尼得斯（约前556—前468）曾在一场演讲中遇到地震，自己虽然幸免于难，但演讲现场一片狼藉。西摩尼得斯于是运用“座位记忆”的方法，联想自己演讲时与听众的互动，帮助家属辨认尸体。明朝时，传教士利玛窦（1552—1610）也曾经将记忆术传入中国。到了1981年，布莱克斯利所著的《右脑革命》一书带动了把记忆术变成教材进行授课和贩卖的风潮，而其中在亚洲最具代表性的是日本的七田真。

台湾地区在近几年因应付英文学习、职业考试等需要，民间掀起了记忆训练的学习风潮。为了快速记住某些十分热门的号码，以便提前“封牌”，甚至有六合彩庄家也加入学习记忆方法的行列。大量的学习需求让许多业者积极培训教师，开设直营店和加盟店，更有业者针对律师、中医医师等职业资格的考试进行整套记忆教材的开发。据统计，台湾地区目前记忆学习机构的品牌数量已经超过两位数，记忆开发成为知识经济中一个新兴的热门行业。

记忆训练

已经有许多例子可以证明，记忆的确是可以通过训练来强化的。曾经连续夺得 4 届美国记忆大赛冠军的史考特·海格伍德，在 36 岁生日那天得知自己罹患甲状腺癌的噩耗。虽然手术最终十分成功，但是治疗的副作用却会影响大脑，让注意力和记忆力减退。

为了减缓记忆力及其他认知技巧的退化幅度，海格伍德阅读了大量介绍大脑运作方式的书籍。他在研究之后发现，记忆其实就像身体，越锻炼就会越强壮。海格伍德于是开始利用写日记、感官体验、联想、重复回想，以及名为“罗马室”的古老记忆术等方法，一步步锻炼自己的记忆力。练习的成果十分惊人，海格伍德的记忆力不减反增，而他数次参加记忆大赛的优异表现更吸引了《探索》频道指派一组大脑研究人员进行采访，希望了解海格伍德的大脑运作模式。

5分钟摘要

好记忆带来好生意

其实，每个人都拥有过目不忘的照相机式记忆力。问题在于，人类对新信息的完整回忆通常只能持续 1/10 秒左右，这时间短到无法发挥任何作用。因此，必须有一套帮助我们延长保留记忆时间的系统，它能增加获取信息的数量，只要几个简单的步骤就能让你的事业大有收获。

商业信息主要可以区分成 4 大类别，要让自己牢记这 4 大类别的信息，你可以利用下列 3 个步骤：

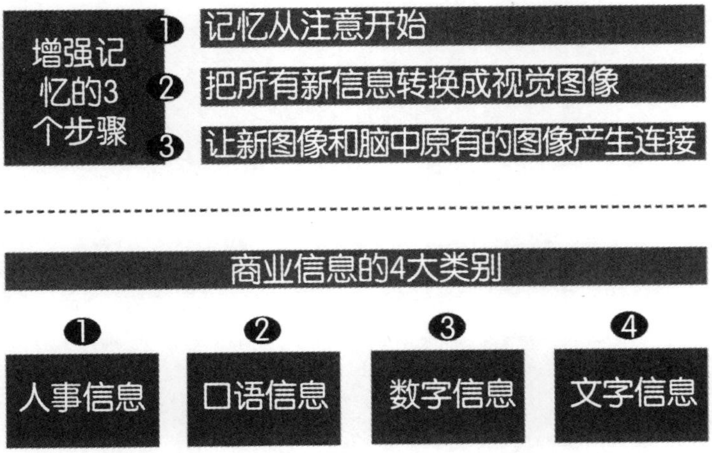

关键思维

专注、视觉化和联想就是我记忆系统的3大基石，学习运用这3个步骤的方法对你有非常大的帮助，能让你的记忆力和智力突飞猛进。此外，学习这些方法还可以产生累积效应，只要加强锻炼某部分的心智能力，其他部分的心智能力也会随着增强。使观察力更敏锐可以让自己注意到更多事情，并且记住更多信息。学习在脑海里创造画面和故事的方法能强化你的联想能力，让你在各种记忆之间创造出更丰富的关联。

——弗兰克·菲尔伯鲍姆

一　增强记忆的 3 个步骤

1. 记忆从注意开始

要记住一件事，首先必须要观察、用心注意这件事，大部分人就是因为不够专注才会记不住重要的人、事和观念。如果你从一开始就漫不经心，当然就记不住事情。只要在遇到新的人、事、物时能多加注意，其实不必多做什么就能增强记忆力。

要让自己更用心地注意新的人、事、物，我们可以利用下列 4 项方法：

（1）观察——一接触到新信息，就要全面提高警觉，认真看待自己正在接触新信息这件事。要做到用心观察，有下列几项有用的建议：

◎ 找出固定模式或异常状况。不论是重复出现的事情，还是不同寻常的事物，都能帮你记住新信息。

◎ 接触新信息时要全神贯注，不能心不在焉，或者一心二用。

◎ 运用好你的社交技巧。多提出一些问题，用问题来挖掘真正有趣或特殊的事情，它们值得自己好好地动脑筋记住。

◎ 如果遇到原本不认识的人，就从他们的脸部特征里挑出一种最突出的来仔细观察，这项特征会成为日后让你记起这些人的记忆触发点。

（2）专注——全身心地专注于你接触到的重要新信息。选定自己必须用心注意的事情，集中注意力并不再分心。在这方面，多任务处理是让自己记住事情的宿敌。要把全部精神都集中在眼前的新信息上，做到专注，我们有以下几项建议：

◎ 每过一段时间就问自己："我有没有集中精神在自己的工作上，还是心思都跑到其他事情上去了？"

◎ 追问自己上述问题。起初，你会发现自己的心思不知不觉就跑到工作以外的事情上去了。练习让自己的注意力集中时间能够越来越长，循序渐进地把你专注的时间延长到 90 分钟或者以上。只要密集锻炼，延长自己的专注时间，就会发现自己在专注力方面会有长足的进步。

◎ 积极思考。要相信，专注力是心智能力中“低成本、高效益”的一项，大多数人都会喜出望外地发现，自己的专注力在努力练习后竟然能有如此大的进步。

（3）记忆触发点——你可以利用“记忆触发点”来加强自己的专注力。记忆触发点就是一些可以自我提醒的肢体动作，告诉自己：是把精神专注在眼前新信息的时候了。记忆触发点必须简单又不会让人感觉突兀，例如下面几种动作：

◎ 双手十指指尖互触。

◎ 两手交叠。

◎ 让拇指和食指相互摩擦。

在你使用记忆触发点提醒自己专注时间到了的同时，还要不断用以下这句话来自我暗示："我要开始像激光一样集中自己的精神了，我会把这些信息全部吸收、贮存，然后在必要时轻松回想起来。"只要你想让自己对新信息的注意力能够进入最集中的状态，就要不断地进行自我暗示。

（4）同步化——让自己保持眼到心到的状态。如果你眼睛看的和大脑想的是风马牛不相及的两件事，就自然会失去专注力。人对视觉信息接收的速度比听觉信息要快很多，因此眼到心不到的情形经常出现在对话的时候。

利用视觉来帮助自己把精神专注在眼前的信息上，可以利用下列几个方法：

◎ 每隔几分钟就移动一下自己的视线，用心观察房间里各种新细节。

◎ 尝试利用谈话的空当来思考和目前谈话内容相关的主题，而不是天马行空地去想一些完全不相干的东西。

◎ 记下讨论的内容。

◎ 每隔一段时间就休息一下，让自己的精神能够得到放松。如果可能的话，暂离几分钟把头脑放空，什么也不去想。你也可以停下来喝杯咖啡、上个洗手间，或者出去走上两圈，改变自己所处的环境和呼吸新鲜空气通常就是恢复精神最有效的方法。

关键思维

记忆的艺术就是注意力的艺术。

——塞缪尔·约翰逊，英国诗人

视觉化加上联想事实上是无敌的组合，如果再加上注意力，就是观察与专注的组合。这样你就拥有了真正能随心所欲的心智力量，要做的就是掌握基本观念后好好练习。只要放手去做，你就会很惊讶地发现自己的心智力量竟然能够有这样的成果。

——弗兰克·菲尔伯鲍姆

2. 把所有新信息转换成视觉图像

不管你知不知道，自己其实一直是在用图像进行思考的。图像思考是人类大脑运作的共同特征，因此想要记住事情，就要先把信息转换成心智图像，然后就能把图像当作索引或记忆触发点，让自己在未来可以唤醒对这项信息的回忆。

把信息重点转换成鲜活的视觉图像，这种转换越熟练，你的记忆力就能运作得越顺畅。为了加强把信息转化成图像的能力，你可以采用下列4项方法：

（1）放松——不要把自己逼得太紧，反而应该享受转换的乐趣。想象一些滑稽又夸张的心智图像，让自己想忘都忘不掉。下列几个简单的方法可以帮助你好好放松：

◎ 缓缓地深呼吸。

◎ 随着自己天生的好奇心走，让你的心智图像可以天马行空，或者荒诞不经。你脑袋里的东西不会冒犯到任何人，所以尽情畅玩吧！

◎ 要有好奇心并且注意细节。在视觉化的过程中，你要足够用心才能把精神集中在细节和一些特定事项上。与其担心怎么准确地记住事情，不如努力让自己的视觉图像更详细、更逼真。

（2）练习——持续做一些小小的练习，就能提升你把信息视觉化的能力。利用“停机休眠”的时间加强培养自己的创意，例如排队的等待时间、堵车时间，或者耳朵里充斥无聊的电梯音乐时。你可以利用下列几个方法来培养创意：

◎ 随便找个眼前的东西，盯着它看，这个东西要越寻常、越普通越好。

◎ 紧接着，想象一个反差极大的古怪东西，想象自己得到最不寻常，甚至最怪异的视觉图像。

◎ 接下来，想出有创意的方法把上述两个东西连接起来。可以是具体的连接，例如想象一个东西堆在另一个东西上面的画面，也可以是含义上的连接。享受这种心智图像带来的想象乐趣，然后创造出一些绝佳的组合。

◎ 到了一周要结束的时候，把你在这周想象出来的心智图像记录下来，看看自己还记得多少。要注意的是，每一幅心智图像都能激发你的其他联想，例如你可能会想起自己在创作这幅图像的时候身处什么地方。你的任何一幅图像也都可能让你想起其他信息，视觉化与联想总是密切相关的，而用图像激发联想恰恰凸显了这个事实。在你努力加强记忆的同时，这样的认知可以让你更有信心。

（3）感官——即使大部分商业信息的确是通过视觉来接收的，其他感官还是能够唤起清晰的记忆与心智图像，两者都可以用来加强自己的记忆力。如果你回溯自己生命里的记忆就可能发现，在每一次记忆中，你都可以找到一些结合其他感官的线索，这些线索包含下列几项：

◎ 背景声音。

◎ 强烈的气味——就像刚刷上油漆的气味。

◎ 身体的感觉——例如特别热或特别冷。

◎ 独特的味道。

同样，如果你经常练习如何让自己更留意不同的感官经验，你的心智图像就会鲜活地浮现在自己面前。这正是你想要的，因为你创造心智图像的能力越强，你的商业记忆力就会越好。

（4）故事——在头脑里构想创意的过程可以强化记忆能力，这一过程本质上是动态的活动，或许就是因为这样的本质，它比其他方法更能让我们保持全神贯注。当然，也有可能是其他原因。无论如何，要增强记忆力，就要在心里创造完全属于自己的故事情节。

要设计出你自己的迷你电影，而且要情节紧凑、内容丰富，可以利用下列几项方法：

◎ 弄清自己想通过故事情节记住哪些信息。

◎ 选定你的主角，可以是真实的人物、产品或企业。主角的任务是达成目标或者突破难关。

◎ 勾勒出主角的外形，让你的主角有血有肉。

◎ 为主角设定目标，目标要简单明了，例如让一家企业的规模成长为大型企业等。

◎ 找出所有可能阻碍主角达成目标的难关。

◎ 紧接着就要构思出故事情节，不论你要创造精彩的冒险故事、爆笑的喜剧，还是“小虾米对大鲸鱼”的伟大故事，都要记得把所有必要的元素都融入情节之中。

◎ 然后在第二天回想一下自己的故事，看看是不是能继续拓展一些情节。

◎ 几天以后再回想一下你的故事，看看自己还记得多少情节。如果可能，利用一个心智图像来触发你的记忆触发点。

◎ 评估自己创作难忘故事的表现，并且找出未来可以改进的地方。你会发现自己在练习上述技巧的同时，不仅讲故事的能力有所进步，记忆力也随着加强了。

3. 让新图像和脑中原有的图像产生连接

我们一般只会记住对自己有意义的事，然后把其他事忘掉。因此，记住新事物最好的方法就是设法让新事物和原有的记忆产生连接。这样一来，如果想抓出新信息，只要唤醒已有记忆就可以了。这就是利用联想来帮助自己增强记忆力的观点。

要记住个别事情虽然并不容易，但每个人还是会记住一些有意义的片段信息，增强记忆力的关键就是让信息对自己产生意义。要做好联想，有以下 4 项建议：

（1）觉察——每个人其实都会随时做某种程度的心智连接，只不过自己通常没觉察到罢了。有些连接是比较简单的，例如："你叫鲍伯，和我儿子一样。"有些连接则是比较明显的，例如："你的办公室在 7 楼，7 是个幸运数字。"你要尝试做到的就是有意识地进行联想，而且要有意义，这样才能让自己的记忆力发挥最大效力。

（2）故事——故事对于记忆非常有帮助。创作故事不仅能帮助你把新信息视觉化，也能增强你的联想能力。精彩故事是价值非凡的商业工具，只要能把你所需的重点信息融入自己创作的迷你故事，就等于找到了万无一失的方法，让自己可以记住更多事物。要增强创作故事的能力，可以利用下列几个方法：

◎ 练习。把自己必须经常回顾的各种信息特地用来创作故事。

◎ 依照自己的意思去创作迷你电影，大制作也好，小品也罢，反正也没有其他人会观赏到你的电影，你就要身兼制片人和影评人。

◎ 尽情地玩，尽量让自己的电影天马行空或者和亲身经历密切相关，这样才会更容易记住电影情节。

◎ 把一些对你自己有意义的事情联想在一起，至于对其他人是不是有意义并不重要。让那些自己必须记住的重点信息在故事的不同场景展现，出场时机自然也好，刻意也罢。只要让这些信息出场，同时自己也能觉察到就可以了。

◎ 每隔一段时间就停下来看看自己的电影拍得好不好，想想哪些部分表现得好，又有哪些铺设剧情的技术有待加强。

◎ 每天固定地利用几分钟来创作迷你电影，把自己必须记住的信息放到电影情节里，也可以利用这段时间把自己不想忘掉的故事再回想一遍。

（3）模式——人类大脑非常喜欢套用模式进行思考，因此会不断地寻找各种模式。要想记住事情，就必须特别创造一些记忆模式，让它们引导自己回想起重要信息。我们可以利用下列步骤来创造好的记忆模式：

◎ 先拿出一张白纸。

◎ 在白纸的中央画个圆圈，然后在圆圈里写下你想要回想起来的事情。

◎ 沿着这张纸的边缘写下自己能回想起来

的片段信息，这些信息里面或许就有一个和你想找到的重点信息有直接关联。

◎ 在纸上继续写下更多信息，直到你找到自己想要的那一则，必要的话列出一些问题，然后把答案写下来。

做了一些练习之后，这样的回忆信息模式会帮助你系统地回忆起自己在寻找的信息。

（4）提示——要能记住事情，就必须特别设计出一些触发记忆的提示，让这些提示帮助你回忆起不容易记住的信息片段。同样，提示因人而异，有些类型的提示会对你格外有用，但是对别人却没那么有帮助。以下有几种最常用的提示类型：

◎ 玩文字游戏，把名人的名字和你要记住的信息连接在一起。例如，要记住“阿诺·王子”这个名字，你就可以利用影星阿诺德·施瓦辛格的长相作为视觉图像，然后设计出下面这个提示：“这个阿诺看起来真有王子的架势。”然后你就把客户看成浑身肌肉的阿诺德·施瓦辛格，而且还戴着王子的皇冠。

◎ 玩同音异义的游戏。举个例子，假如你要想记住明天必须请餐厅在午餐时间“保留”位子给一位重要客户，就可以用下面这个提示：“我对这笔生意持‘保留’态度，我想到艾迪生广场餐厅谈这笔生意！”然后你就可以想象自己和客户一起享受大餐的样子。

◎ 把你想要记住的事物和某个特定地方或位置连接起来。有些人发现，打造“记忆宫殿”很有用，这就是把日常工作中各个不同层面的事务摆到“宫殿”里不同的房间中，例如下订单、收账款、排行程和作规划等。要想追踪日常工作中的所有待办事项，只要找到“宫殿”里那个对应的房间就可以了，在这些房间里有一些可以触发记忆的东西提醒你这些必须处理的事情，这样的技巧能让你按照主题或者其他分类的方法把各种联想分门别类地存储起来。

二　商业信息的4大类别

1. 人事信息

要让自己更快地记住新认识的人的名字，可以利用以下几项基本技巧：

◎ 找出主要的脸部细节特征。

◎ 创造能够触发记起名字的视觉图像。

◎ 把名字的视觉图像和主要的脸部特征连接起来。

要注意的是，在使用上述每项技巧时，都必须使用同一套记忆方法，那就是专注、视觉化，以及联想。下面依次介绍每一项技巧：

（1）找出主要的脸部细节特征——要提高自己对新面孔的观察力，可以翻阅各种杂志然后把名人的照片剪下来，按照以下例子找出每位名人的主要特征：

◎ 玛丽莲·梦露的丰唇。

◎ 米克·贾格尔的大嘴。

◎ 里根总统上扬的眉毛。

◎ 爱因斯坦饱满的前额。

◎ 克拉克·盖博的大耳朵。

此后，只要你遇到原本不认识的人，就先仔细研究一下这个人的长相，找出他具有的能提醒你想起某个名人，甚至某个亲戚的脸部特征。你应该这样联想："我刚认识的那个布朗先生有戽斗下巴，就像我的摩西叔叔一样。"多练习几次，建立一套自己不容易忘记的描述符号，然后选出能够让你记住每个人长相的特征。

（2）创造能够触发记起名字的视觉图像——仔细观察对方脸部最显著的特征后，接下来你要做的就是仔细听清他的名字是怎么发音的。和其他事情一样，为了日后能够记得起来，一开始就必须把事情弄清楚，并将其深深地烙印在脑海里。下列几项做法有助于你记住别人的名字：

◎ 至少要重复念几次对方的名字，并且请他纠正你的发音，特别是不常见的名字。

◎ 一个音节、一个音节地听清楚他们的名字是怎么发音的。

◎ 尝试为每一个音节创造一个心智图像，任你的想象力自由发挥，看你能勾勒出什么样的视觉图像。你最好把对方的名字转换成一部迷你电影，这样就可以通过心智图像深刻地记住对方的名字。

要注意的是，这个方法比较适合用在那些你很熟悉的同名人物身上，例如政治人物、知名品牌、常见物品、电影明星、知名音乐家等。这样一来，把这些人的名字和视觉图像连接起来应该很容易。

（3）把名字的视觉图像和主要的脸部特征连接起来——要记住一个人的名字，你就必须把这个名字的视觉图像与这个人最显著的脸部特征连接或者整合在一起。下面这个例子可以说明：

在商业界，你通常只要记住对方姓什么就可以了。如果你连名也想一起记，可以有技巧地先做点功课。针对你最常见的一些名字，设计一套可以套用在这些名字上的心智图像，然后把这些图像放进你为每个人创作的迷你电影里面。

同样，你如果想记住某个人名字以外的信息，就要把这些信息转换成视觉图像，然后再把这些图像放到你为那个人创作的迷你电影里。

上述3项技巧必须多加练习，只要你能持续地应用这些原则，长期下来，你就会越来越得心应手，也越来越有信心。你还可以学到记忆的捷径，这些捷径原本必须有相当程度的认知和体验才能领悟。加强你对商业信息的记忆力还可以利用下列几项实用巧妙的方法：

◎ 随身携带一本笔记本。你每天新认识了哪些人，就把有关这些人的细节大略记下来，再辅以一些能勾起记忆的小提示，从而帮助你回想起自己替每个人所创作的迷你电影。

◎ 每周把你的笔记本拿出来再看一次，然后在心中把你替每个新认识的人制作的迷你电影再放映一遍。

◎ 在开会前就要预先作准备，把你已知的与会人员信息再重温一遍，见到每个人的时候要充分运用你先前努力记忆的与这个人有关的信息。这可以帮助你建立起专业细致的形象。

◎ 不断提醒自己记住别人名字的重要性，勤加练习，让记住别人名字变成自觉的反应。好好锻炼你的大脑，否则就可能失去自己通过千辛万苦的练习得来的成果。

关键思维

如果看到我本人，你就会注意到我的鼻子长得很特别。因为我姓菲尔伯鲍姆（与英文的 fell beer bomb “掉啤酒炸弹”谐音），你就可以创造出这样的图像：天上掉下来一堆形状像炸弹的啤酒瓶。然后把我的长相和这个图像结合在一起。

你可以想象成啤酒瓶掉落在我鼻子上然后爆开来，结果啤酒就洒了我一脸。如果你想让这个图像和自己更贴近，就想象这个啤酒瓶是你最喜爱的啤酒品牌，这样图像是你一定永远忘不掉的，而且等到6个月后再碰到我的时候，你就可以很有自信地微笑着对我说："菲尔伯鲍姆先生，很高兴再见到你！"你的目标是把名字视觉化，让自己可以永远地把名字和存在脑子里的那张脸连接在一起，这样就不会只记得图像或名字。

——弗兰克·菲尔伯鲍姆

2. 口语信息

让自己能够接收、记住在商务会议中听到的信息，可以利用下列几项技巧：

◎ 事先选定自己的目标。

◎ 提出适当的问题。

◎ 把口语信息转换成视觉图像。

(1) 事先选定自己的目标——为了诱导自己能够认真细致地注意会议中讨论的内容，在会前花点时间想清自己可以因此获得什么益处，这一点非常重要。从商业上来说，这些益处通常包括下列几项：

◎ 省钱或赚更多钱。

◎ 节省时间。

◎ 提升自己在公司的地位。

◎ 争取新顾客。

◎ 给现有顾客提供更好的服务。

有鉴于此，在接收到新信息时要不断地思考下面几个问题：

◎ 我应该怎么利用这个信息？这可以帮助你把精神集中在关键的要素上。

◎ 这个新信息适合应用在什么地方？这可以帮助你有创意地思考应用这个新点子的方法。

◎ 还有谁会对这个信息感兴趣？这可能为你创造一些机会，让你提升自己对公司的价值。

（2）提出适当的问题——要成为用心的聆听者，并且让自己更专注于会议所讨论的内容，你必须追根究底地提出问题。你当然希望能在会议中提出这些问题，但有时却只能在自己的脑海里进行思考。

除了用提出问题来厘清疑惑，以及通过和与会人员双向沟通来认识问题，还有一些方法可以让你更专注于会议所讨论的内容。下面是你可以采用的几种方法：

◎ 每隔一段时间就简单整理一下自己听到的内容。

◎ 把自己听到的内容对讲述的人复述一遍，以确认自己是否听错。

◎ 用自己的语言把听到的内容转述给其他人或其他团体。把自己刚学到的东西教给别人总能让你更容易地抓住所听到的重点。

◎ 持续地观察发言的人，注意他们的肢体语言和面部表情。这样做不仅能够产生视觉图像，让你更容易记住讲话的内容，同时也能让你接收更多信息。

（3）把口语信息转换成视觉图像——只要你能够接收自己听到的信息，并且把讨论内容转换成视觉图像，你就能大幅提升自己的记忆力，让自己能在日后轻松回想起这些信息。把口语信息视觉化是没有所谓“正确”方法的，因为每个人的心智运作方式都不相同，不过你可以试着利用下列几种方法：

◎ 在接收口语信息时使用你所有的感官功能。举个例子，如果你记得在讨论事情的那天办公室里洒满了阳光，你接收的这个感官信息记忆就能帮助你回想起当天讨论的内容。即使是注意别人西装的颜色或者桌上花瓶里鲜花的味道都能帮助你记住当时的谈话内容。

◎ 创作一部剧情连贯的迷你电影，把每一则信息与人名、长相串联在一起，用怪诞、荒谬、幽默，甚至反常的心智图像创作出自己的故事情节，让你的故事更精彩、更难忘。

◎ 利用空当或者相对空闲的时刻，在头脑

里回顾一下自己听到的内容，并且找出讨论的重点。如果这些内容非常重要，你可以在一两天后回头看看自己记下的笔记，再回顾一下讨论的内容。回顾的次数越多，记住的内容也就越多。

◎ 记住自己接收信息的先后次序，构想或逐步修正点子的过程可以作为有效帮助自己想象出视觉图像的架构。

◎ 如果可能，每隔一段时间就稍微休息一下，放慢接收新信息的速度，这样做能让你的大脑好好地接收并且思考目前讨论的观念，短暂休息也能让你重新提升自己的专注力。如果没有办法稍事休息，就提出一些问题，把自己理解的内容向发言的人简要复述一遍，或者伸展一下肢体。

◎ 把复杂的信息或内容分割成几个自己可以记住的信息“板块”，然后专心地把一块、一块的信息依次记忆起来。

关键思维

矛盾在于，记忆口语信息的关键就是不要太在意自己是否可能忘记这些信息。没有什么比焦虑更加耗损你的专注力，每花一秒钟担心自己可能忘记事情，就表示你在这一秒内除了自己的紧张思绪，根本没有听进任何信息。弄清自己听取这些信息的目的，并且相信自己可以记住那些对你重要的信息，这样就可以大大提升你记忆口语信息的能力。熟记自己在会议、研讨会、日常对话，或者其他场合中听到的内容能够大大提高你的效率。

——弗兰克·菲尔伯鲍姆

3. 数字信息

让自己能够记住数字信息可以利用下列几个方法：

◎ 数字转换。

◎ 创造和数字连接的图像。

◎ 把图像串联成故事。

◎ 把数字和情境连接起来。

这套记忆数字的系统必须花上一段时间才能熟悉，所以你要有耐心地持续练习，直到自己可以更有信心地运用这套记忆系统。

（1）数字转换——利用下面这个表格，把每个数字联想成一组特定的字母和发音：

1	t，d或th	齿音
2	n	鼻音
3	m	闭嘴唇音
4	r	卷音
5	l	流音
6	j,dg,sh,ch,tch	软音
7	k,c,q,ng	硬音
8	f,v,ph	摩擦音
9	p,b	爆破音
0	z,s,c	齿擦音

（2）创造和数字连接的图像——针对每个数字，选择一个单词，而这些单词要用与数字相对应的发音或字母开头，你可以列出自己的单词表，只要自己觉得好记就可以了。然而，你选择

的单词最好能轻易地转换成鲜明易记的视觉图像。

你可以列出一份单词表，利用这些单词让自己勾勒出各个数字的图像，以下面的单词为例：

1＝toy（玩具）

2＝inn（旅馆）

3＝mow（割草）

4＝rye（黑麦）

5＝law（法律）

6＝jaw（颚）

7＝kiwi（几维鸟）

8＝foe（敌人）

9＝pie（派）

0＝zoo（动物园）

要注意的是，你可以随意加上母音组成单词，因为重要的是子音。同样，要表示更大的数字，只要加上更多的子音和母音就可以了，例如：

100＝disease（疾病）

101＝dust（灰尘）

（3）把图像串联成故事——找出每个数字对应的图像后，你就可以把这些图像串联起来，编成一则容易记忆的故事。每当想起故事，你就可以记忆数字。下面这个例子可以说明：

5218

“一群立法委员在旅馆集会，打算送个爆炸雪茄之类的整蛊玩具给他们最大的敌人。”

虽然这样的方法一开始好像会让人弄不清，但是当你能开发出一套自己的数字视觉图像系统，并且让自己习惯使用这套系统后，你就会发现，只要多练习几次，就可以很熟练地构思出精彩的故事，把自己必须记住的几组数字融入故事情节。你的故事可以荒诞不经，也可以中规中矩，故事的情节根本不重要，反正没有人会读到。

（4）把数字和情境连接起来——最后一步就

是在你的迷你电影里设计一个场景，利用这个场景把电影情节和你要使用这个数字的地方连接起来。举个例子，我们假设5218是你的办公室房间号码，在上述例子中，你就可以想象那群立法委员在前往那家旅馆前先在你的办公室门口集合。或者你也可以想象，那个会收到整盅雪茄的敌人门上就贴了个大大的数字——5218。这种联想的方法可以让你在必须记起这串数字的时候能够回想起来。

不可否认，这套系统在刚开始运用的时候似乎有点困难，但只要每天练习几分钟，就会发现自己很快就能得心应手。这套系统可以有无数种应用方法，例如：

◎ 如果你设定好一套从1到10的标准视觉图像，只要把这些图像和你的待办事项连接起来，创作出一部迷你电影，就可以让自己记住待办事项的优先次序。

◎ 如果你想记住财务报表上的信息，就要

为报表上的每个数字创造出一幅视觉图像，然后创作一部迷你电影，把所有的图像都融入电影情节中。

◎ 如果你事先把一周里的每一天都转换成一套视觉图像，把这些预先准备好的每日图像融入代表你当天待办事项的迷你电影中，这样就可以记住自己的行程了。长此以往，你可以增加一些修正的图像，这些图像同样可以反映一周内特定的时间点以及其他事项。

只要熟悉这套系统，并且勤加练习，你就能将其应用得更得心应手，这样就越能增加自己的信心。同时表示你开始懂得享受数字的乐趣，而不会被数字吓跑。

4. 文字信息

要记住更多读过的文字信息，你可以从下列几项方法中选出最适合自己的技巧：

◎“记忆宫殿”法。

◎ 记忆数字的基础。

◎ 福尔摩斯心法。

◎ 想象的金字塔。

◎ 文字编码。

◎“记忆列车”法。

记住大量的文字信息本来就不是件容易的事，因为有太多干扰可能妨碍你记忆阅读的内容，这时就要回头利用增强记忆力的3个步骤，即专注、视觉化以及联想。加强自己记忆阅读内容的能力可以利用下列几项技巧：

(1)“记忆宫殿”法——在你的头脑里打造一座“宫殿”，为“宫殿”的每个房间设定不同的特定主题。在你读到重要信息的时候把信息浓缩成重点，接着想象一个可以让自己记起这项重点的东西，再把它摆进适当的房间，并且将其融入你替每个房间创作的迷你电影情节之中。这是可以让你记住自己演讲内容重点的不错方法。

如果你预先做好准备，甚至可以在自己要发表演说的房间里找些东西，把演说重要内容的图像和这些东西联想在一起。这个方法可以让你轻轻松松就讲45分钟以上，甚至连看一下笔记都不用。

（2）记忆数字的基础——如果记忆数字的方法你已经上手，只要先把必须记住的信息制作成迷你电影，然后就能在大脑里把你的数字图像和这部迷你电影连接在一起。你可以利用这种方法来记住一长串法规或其他事项，然后不论什么时候要用到这些信息，都能相信自己记住的信息一定是对的。

（3）福尔摩斯心法——福尔摩斯不管走到哪里都在寻找线索。要运用这项方法，你要先把每个阅读过的段落浓缩成一个关键词或者重点，随后再创作一部迷你电影，把由这一页里各个重点转换成的视觉图像都纳入电影中，然后把这一页的页码放到这部迷你电影的场景里。

当有人想要讨论自己在某一页读到的内容时，运用这个方法就可以让你想起四五个关键词，然后它们又会触发你的记忆，让你想起那一页的大致内容。你还可以创作一部包含整份文件概要的迷你电影，让这个方法获得更好的效果。

（4）想象的金字塔——画一个金字塔，在金字塔中央写下你的主要想法，然后在三角形的3个顶点上，分别写下这个主要想法的3个重要层面。接着你就有一个简要的视觉图像，图像包含9个你想记住或讨论的重点。这样比你依照顺序逐条记忆重点容易得多。

如果必要，你可以在原来的金字塔3个顶点上再画小三角形，从而让你的视觉图像包含更多信息。

（5）文字编码——如果你想记住文件里的特定字眼（例如新产品的名称），把这个字眼转换成特定的视觉图像，接着创作一部迷你电影，让这个视觉图像与电影中的其他东西产生连接。如果你坚持这样做，记忆信息的能力就会增强。即使比较艰涩的词汇也可以鲜明地出现在你的头脑里，令人印象深刻，而这正是你想做到的。

(6)“记忆列车”法——把你想记住的信息分成10项重点，再加上前言和结语，然后想象一列小孩子的玩具火车。把前言当作火车头，而10项重点就是接在火车头后面的车厢，每节车厢代表一项重点。接着创作一部迷你电影，把每节车厢同后面那节车厢的图像连接起来。当你在头脑里清晰生动地想象出这些图像时，就会发现自己可以站起来流畅地表述这些重点，而且不必参考任何笔记。在起身发表演说前，你可以严格地测试自己，以确定可以面面俱到地记住每一项重点。

如果你在工作中会用到外语单词或短语，也可以用自己的母语想象一些“拟声”的视觉图像，然后把这些图像和自己常用的外语单词联想在一起。如果你在头脑里把这些外语单词的音和义连接起来，就能很快学会可以足以入门的外语。你这样做表示尊重商业界合作伙伴所使用的语言，因此也能赢得这些伙伴对你的肯定。

关键思维

对我们大部分人来说，文字在阅读时是停留在纸上的。然而，凭借专注、视觉化以及联想，我们就能把文字从纸上搬到大脑里，而且只要我们用到这些文字，它们就会一直留在大脑里。记忆力和策略是息息相关的，只要能有这样的认识，我们在职场的工作效率就会一日千里。

——弗兰克·菲尔伯鲍姆

商机教你兴趣变黄金

Career Renegade

How to Make a Great Living
Doing What You Love

原著作者简介

乔纳森·菲尔兹(Jonathan Fields)，毕业于美国耶什华大学，是避险基金律师出身的创业家，曾任美国证管会公诉检察官、企业律师，也曾成功创办 Sedona Wellness Center 以及 Sonic Yoga NYC 等多项健身事业，后来创办了“职业生涯叛逆分子”创业培训中心。菲尔兹是活跃的博客博主与演说家，并曾接受《纽约时报》、《华尔街日报》、《创业家》杂志、《Vogue》杂志、《Elle》杂志，以及《Small Business Success》杂志等平面媒体的专访。

本文编译：王约

主要内容

主题看板

职业生涯叛逆分子

日本作家村上龙说:“世界上只有两种人,一种人做着自己喜欢也适合的工作,过着自己喜欢的生活;另一种人做着自己不喜欢也不适合的工作,过着懵懵懂懂的生活。”如果一定要以某种方式维持生活所需,与其从事自己讨厌的事,倒不如选择自己喜欢的事。诺贝尔经济学奖得主赫伯特·西蒙则提出“10 年定律”:任何领域的专家都需要经历 10 年的磨炼。只有一份由兴趣支撑的工作才能让投入该领域的人坚持超过 10 年,这更凸显了寻找一份有热情的工作的重要性。

作者菲尔兹在“商机教你兴趣变黄金”主题网站上宣示他所定义的职业生涯叛逆分子是:他们很清楚自己每天努力的方向,建立一种真正想要的生活,热爱每天的活动并与喜爱的人在一起，同时获得稳定的收入，而成为职业生涯叛逆分子的第一步就是找出自己的兴趣并投入热爱的事业。菲尔兹原本是一位律师，辞去令人羡慕的律师工作后，他投入自己真正热爱的事业，生活反而更加多姿多彩，成为一个兼具博主、瑜珈教练等多重身份的创业家。

然而许多人在选择不同的职业生涯时，常被传统的观念所局限，例如：做自己喜欢的事与赚取足够的钱二者之间无法画上等号，即依照兴趣创业并不能给自己带来足够的收入。菲尔兹建议在完全投入自己的叛逆职业生涯之前，可以先测试“水温”，以部分尝试代替完全投入。例如，日本上班族在经历多年的经济低迷后，创造出一种利用周末时间的工作形态，称为周末创业。他们利用网络工具，将兴趣商业化，在正式工作以外的时间投入少许资金进行创业。正因为做的是自己有热情、感兴趣的事业，即使投入额外的时间也乐此不疲。博客作家利奥·巴伯塔也是个很好的例子，他在投入叛逆职业生涯的第一年就成为一名博主，并拥有一份收入稳定的工作，直到他建立的“禅习惯”博客及其他兴趣相关活动带来足够的收入。他以亲身经历来教导大家如何健康养生、达成个人目标和享受简单生活。如今他已成为一个知名的作家与博主，其“禅习惯”也名列全球热门博客前 50 名。

5分钟摘要

兴趣变财富

想要将个人的志向和兴趣转变成足够能让自己过上好日子的丰厚收入，如今是绝对有可能的，来当个职业生涯叛逆分子吧！你唯一需要的是一份详述转型方式的可行作战计划：

怎样做个职业生涯叛逆分子？

1. 找出真正让你有干劲的兴趣
2. 从7条叛逆分子路径中择一发展
3. 精通你的兴趣，吸引全世界追随
4. 冒险一试，启动职业生涯革命

关键思维

事实上，几乎任何兴趣都可以转变成丰厚的

财富，只不过这通常必须发掘你兴趣中未曾发现的方面，或者要靠挑战主流市场的方式来实现。我所做过的每一件事几乎都有一大堆人准备告诉我：“你做不到！”一开始我还想辩解，现在却只会对他们说：“看我的！”然后勇往直前地去做那件他们认为做不到的事。与我们一直被灌输的人生最终意义大相径庭的是，我们活着并不只是为了付账单、好好照料子女，然后希望有那么一天可以在退休后颐养天年。人生在世就是要让生命尽量地发光发热、让自己沉浸在友情和亲情的愉悦之中，同时服务社会，发挥我们做所有事情时的热情。人生就是要活得有声有色，这样我们才能让其他人看见，不再糊涂度日不仅做得到，而且是一种人生义务。

——乔纳森·菲尔兹

轻松读大师

一　找出真正让你有干劲的兴趣

要开始做个职业生涯叛逆分子，首先必须找出你的兴趣所在。这并不难，基本上只需要明确回答3个问题。在你回答问题时，切记以下这个令人宽慰的事实：要过上世界一流的生活，不必成为世界一流，只要知道怎么把兴趣变成财富就可以。

要做个职业生涯叛逆分子，首先必须找出你的兴趣所在。你可能已经知道了自己的兴趣，可是如果你还不知道，就请好好思考下列两个关键问题：

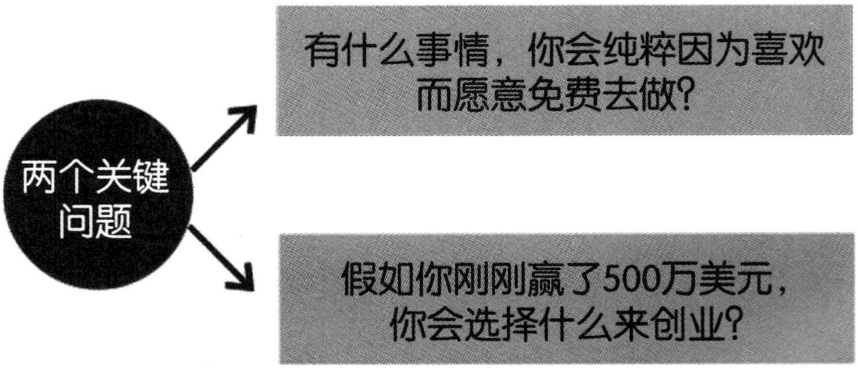

当你在思考和回答问题的时候，很可能有不止一个答案浮现出来，把你的答案记下来。与此同时，你的内心深处也会随着出现下面这个问题：

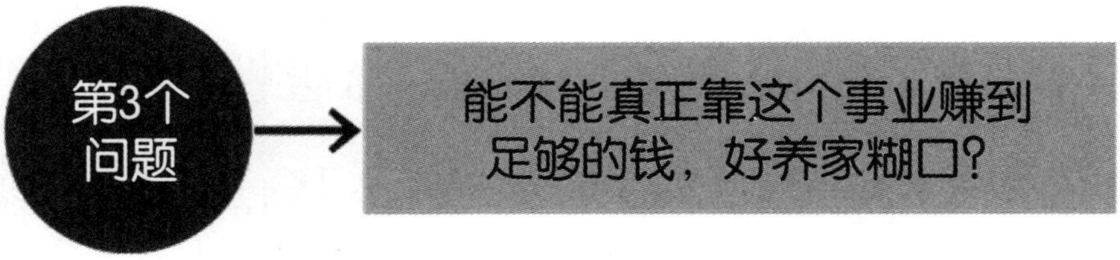

这时，面对第 3 个问题要肯定地回答“能”。只要你有足够创意，就能把任何兴趣转变成丰厚的收入。做到这点的窍门在于，先找出前两个问题的答案。要如实回答，这样就能轻松地处理第 3 个问题。

先列出你热爱的活动，以此作为出发点，接下来要好好调整你列出的项目，而且要更仔细地筛选，一一检视你列出的项目，然后想一想：

◎ 其中有哪些活动会让你达到“心流状态”——也就是你在从事哪些活动时会全神贯注，

浑然不觉时间过了多久或周围发生什么事情。如果你非常热爱某项活动，它会让你完全投入、浑然忘我，那很可能表示就是你的个人兴趣之一。

◎ 其中有哪些活动会让你经常去寻找志同道合的人，好让大家互相合作，共同创造出真正了不起的成果？人类原本就是群居性动物，我们喜欢跟兴趣相投的人相处，你喜欢往来的对象以及他们的喜好会影响你个人偏好的形成。仔细检视这一点，将其当作你思考自己兴趣到底在哪的必要过程。同哪几种人相处会让你觉得有活力？你希望与谁共事？

到了这个阶段，你真正的兴趣会开始越来越明确，现在应该是让它更具体的时候了。拿出一张白纸，写下你希望能在今后赖以生存的活动或事务。这些活动会引领你达到个人的“心流状态”，而且能结合你敬重和欣赏的人，它们是你认为只要去做就已经值得的事情。从这里出发，开始做个职业生涯叛逆分子。

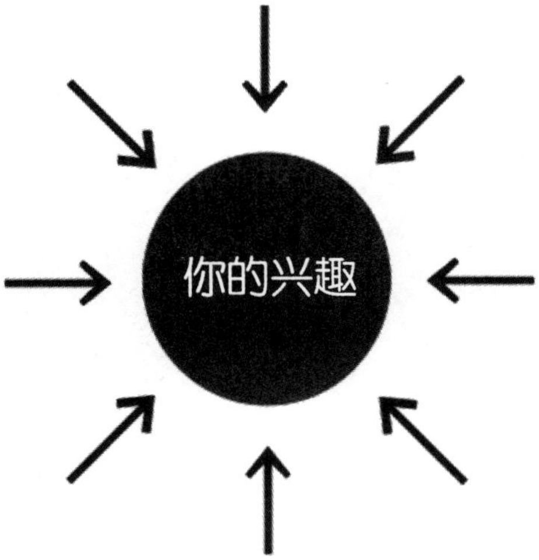

关键思维

工作会占去你生活的一大部分，获得成就感的唯一方法就是去做你认为了不起的事，而做到了不起的事的唯一方法就是爱上自己做的事情。

——史蒂夫·乔布斯

对职业生涯叛逆分子而言，传统观念其实是巨大的资产，它让竞争对手变少，只让那些选择另辟蹊径、不随波逐流的人容身；它创造了空间，让那些依照个人兴趣发展的人发光发亮。你的首要挑战就是了解这一点，把传统观念纯粹当作众多试炼的第一关，以及其他无法实现梦想的人的集体成见，甚至是他们连尝试都不愿意进行的表现。了解这一点并接受它，然后下决心跨越它。

——乔纳森·菲尔兹

令人梦寐以求的工作是不会有令人感到不舒服的文化或员工的，两者的关系是统一的。

——乔纳森·菲尔兹

靠追求兴趣获得不错收入的方法有很多种。对一些人来说，职业生涯叛逆分子的7条路径就是成功的不二法门，而对另一些人来说则是指出方向的明灯。就算你在过程中要结合好几条路径，也不要感到惊讶。因为，一旦你开始排除传统观念所造成的盲点，就会觉察那些或许早就近在眼前的选择。

——乔纳森·菲尔兹

问一个8岁小孩儿喜欢做什么，你得到的答案不外乎是打棒球或篮球、跳舞、下棋或打电子游戏、玩洋娃娃、画画、烹饪、玩乐高积木，或是设计巧克力棒棒糖。小孩儿能够知道什么事会让自己兴趣盎然，而这往往是大人做不到的。让小孩儿感兴趣的有时是一件事，有时是很多件事。他们不必为了自己想做什么而挣扎，他们很清楚自己“爱”做什么，而且相信：“如果我爱做这件事，而且现在可以想做就做，为什么长大了不能继续做？为什么不能把这个当工作？”问得好，为什么不行？答案很简单，行。只不过你可能得去挑战主流，而职业生涯叛逆分子的路径就是投入这个过程。

——乔纳森·菲尔兹

二　从7条叛逆分子路径中择一发展

有7种可行路径可以让你赚取足够收入，并支持自己成为职业生涯叛逆分子。请挑一条适合你的路，尽你所能快快大展身手。

1. 把你的兴趣发挥到更广的市场领域
2. 开发最有利可图的微型市场
3. 善用既有的信息
4. 善用市场上的教育落差
5. 销售和你的兴趣相关的设备或商品
6. 善用同道社群的需求
7. 方便别人去从事你的兴趣领域

1. 把你的兴趣发挥到更广的市场领域

有时你可能会发现，已经有很多人都和你有相同的兴趣，也有水平相近的才能，这时你的挑战就是找到可行且长久的方法，让自己能够脱颖而出。

方法很多。举个例子，一个郁郁不得志的绘图师发现，在等待符合自己专长的就业机会期间，她必须在一间家庭面包店打工才能满足温饱。

她负责做杯子蛋糕，可是并没有把杯子蛋糕看作要洒上糖粉出售的点心，而是当成迷你画布，让想象力可以在上面自由发挥。同样，结婚蛋糕也变成引人赞叹的表现机会，而生日蛋糕可以变化成任她创造的造型。

口碑很快就传开了，大家说这家店做出来的蛋糕与众不同，开始对她为了自己的艺术作品尽心制作可食用画布的热情有所回应。最后，不止面包店声名大噪，她的知名度也让自己一连出了好几本畅销食谱，甚至还为她带来上电视的机会。

重点在于，当你对所做的事情保持热情时，

就能找到有创意的方法将个人特色注入平凡事物中。这会开拓出庞大的新市场，远远超乎那些画地为牢的人所能想象的。

2. 开发最有利可图的微型市场

反向操作也能让你大获其利，就是把现有的市场缩小成专注于某一个有高度获利空间的利基市场。例如，有位志向远大的画家难以将作品在较大的市场上销售，于是和酿酒厂接洽并与他们缔结伙伴关系。她为葡萄酒庄作画，并在品酒室销售自己的作品。这对双方都有利，画家卖出更多作品，而酒庄也乐意顾客把相当于广告的画当作艺术品钉在家里的墙上展示。后来，这位画家也开始指导其他画家，并且针对有兴趣复制自己方法的人举办营销研讨会。

要找到规模较小但有利可图的微型市场，关键就是注意你在哪里做才能有有价无市的效果，尤其是在你的目标市场中，兴趣要能带来下列效益：

（1）差异化——也就是你能推出独特的商品。如果你能加入其他人难以企及的特点，就能创造出极高的价值。

（2）渴求——也就是大家都想要你的商品。如果你的商品独一无二，又能在大家购买意愿最高的时候满足他们的需求，那么大家自然会争先恐后地抢购。

（3）价格合适的产品——也就是从市场行情来看大家买得起的产品。如果你很精明，甚至可以考虑推出不同价位的产品版本，那样会大幅拓展你的潜在市场规模。

如果你试图找到有利可图的微型市场，可以借助几个在线参考工具，其中比较知名的有：

（1）www.bubbl.us——这是一个免费的在线心智绘图工具，可以让你先从一个单词开始，接下来想到的字再以视觉图像方式呈现出来。另一个类似的免费软件工具可以到 www.freemind.sourceforge.net 下载。

（2）www.popurls.com——这是一个集结网站，可以让你看最热门、最具话题性的内容，你可以搜索关键词或句子，了解目前哪种内容最受欢迎。这可以让你觉察自己目前正在开发的东西有没有市场。

（3）www. addictomatic. com——类似于www.popurls.com，可是也纳入微博等社交媒体。这可以让你了解大家目前通过电子媒体讨论的话题有哪些。

3. 善用既有的信息

如果你真正热衷于某件事情，或许会极力搜集所有相关信息。但你可曾想过其他人也可能和你一样？你大概会注意到，将自己辛苦搜集而来的信息提供给这些人是有利可图的。

信息产品可以锁定各种不同需求的消费者：

（1）入门级使用者的信息需求——针对那些刚开始对特定主题建立基本认识的初学者，内容包括操作方式、专家诀窍等。

（2）内行级使用者的信息需求——针对那些已经入门，但是希望表现能更上一层楼的人。

（3）专家级使用者的信息需求——针对那些想要知道细节、难以取得的信息和关于一流演出者最新话题的人。

这些人都很乐意花钱购买符合他们兴趣的信息。只要能提供消除市场上任何落差的信息产品，就可以获利。你可以用以下方式来开发自己的信息产品：

◎ 过滤和筛选现有的信息。

◎ 汇集和销售新信息。

◎ 将复杂的信息简化成容易令人理解的形式。

最普及的4大类信息产品是：

（1）书籍、电子书或其他可供下载的信息产品——你可以通过自己的网站来销售。

（2）影音内容——你可以在 YouTube、苹果公司的 iTunes 放上免费的试听曲目或预告片，借此来做营销。大家看完预告，就可以到你的网站上购买完整版。

（3）在线或数字内容——可以通过博客或Google Adsense等关键词广告来做营销。

（4）数字报——可以在你的网站或结盟伙伴的网站来发。数字报可以是付费或免费的，这取决于你选择用什么模式。另外你也可以加入付费广告来增加收入，以及运用免费的数字报为后续销售所开发的商品带动人气。

重点在于，假如你对特定主题足够热衷，那么很可能有很多人同样感兴趣。让他们能够获得你所渴求、珍视的那些信息，你就能为自己创造不错的赚钱方式，还能为今后销售相关产品或服务开创商机。

4. 善用市场上的教育落差

想不想教其他人了解让你深深着迷的活动有哪些？如果你办得到，这听起来似乎很有趣，最好这项工作比想象中还要容易。

那么怎样才能办到？下列几种方法值得我们深入探讨一番：

◎ 你必须要做的或许就是和合适的人或公司合伙做到这点。你不妨去接洽市场上已有的教育培训机构，给对方提供你所开发的课程，帮助对方进入新的市场。如果你能证明市场确实有这个需求，对方一般会接受你的提议。

◎ 或许可以提供授权或加盟的机会，培训别人你正在做的事情。

◎ 你可以开设会员制网站，网站提供非常吸引人的内容，然后收取会员费，网站内容可以结合影音和平面素材。

◎ 你可以投入一些时间和精力学习开发自己的培训课程，然后将其营销到各处。

不论你选择哪种方式，善用教育落差就是要制作出你自己的教材来弥补缺失，这通常会经过以下 3 个步骤：

(1) 设定课程目标——然后把这个目标分成

好几堂课或单元。经验显示，可以将这些知识组成套装课程，每个单元约 15～30 分钟，这种方式的效果通常会比较好。

（2）判断最适合你教材的传播形式——平面或影音教材，你也可以用电脑的屏幕截图配上音效。

（3）动手制作你的内容——运用所有手边的工具，有多种相关的网络资源可以运用，例如：

◎ www.teachnology.com——提供教案和学习单。

◎ www.elance.com——你可以在这里请到自由撰稿人。

◎ www.48hourprint.com——快速印制手册的厂商。

◎ www.dvdbaby.com——提供 CD、DVD 拷贝和送货服务。

◎ www.camtasia.com——屏幕截图软件。

◎ www.franchise.com——协助提供加盟。

◎ www.membershipsiteadvisor.com——提供会员网站相关信息。

◎ www.copyblogger.com——版权与营销相关细节信息。

5. 销售和你的兴趣相关的设备或商品

历史告诉我们，淘金热中获益最多的人不是淘金者，而是卖淘金者所需设备的人。同样，在网络时代，一般人都认为那些销售网络相关设备的厂商赚得最多。你的兴趣会不会也可以如法炮制？针对和你有相同兴趣的人，卖一些他们想要买到的东西，这说不定可以让你大获其利。

说得更确切些，你应该寻找的是市场中可以用来获利的落差，这些落差会以下列不同方式呈现：

◎ 各个国家会用不同的方式供应大家想要买的设备。

◎ 市面上的设备没有太多选择。

◎ 目前还没有产品可以真正满足狂热者的所有需求。

◎ 现有产品都有一定局限性，只要结合新技术就可以大幅改良。

如果你想要在市场上推出全新产品，一般最常见的经营步骤是：

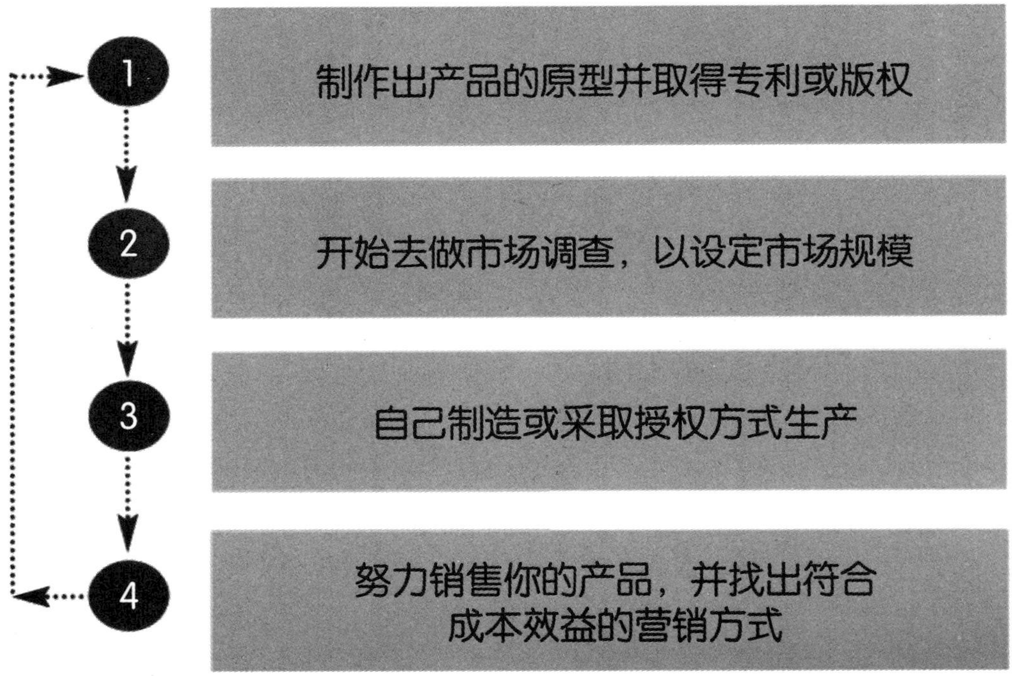

上述每一个步骤都有许多在线资源可以好好利用。不知为何，在产品开发这个领域过去发生

过不少的诈骗案例。一旦有人要你付一笔钱，说帮你申请专利、推广你的新产品或者做市场调查，你一定要注意到网络上有很多免费资源可用，这些事你自己就可以做。此外，一定要针对你想往来的厂商进行彻底调查。

以下是一些不错的资源：

（1）www.inventorsalliance.org——提供培训发明家的教材。

（2）www.inventorspot.com——提供制造与授权相关信息。

（3）www.inventright.com——产品开发与授权相关信息。

（4）www.thomasnet.com——制造商名录。

（5）www.macraesbluebook.com——收录专门制造商的相关信息。

6. 善用同道社群的需求

对某件事有兴趣或热情的人都喜欢和气味相投的人相处，出于各种共同兴趣应运而生的社群也相当常见。这些社群可能是实体的，也可能是虚拟的；可能非常有组织，也可能很随性。

协助社群的成立和成长是你可以好好把握的巨大商机，假如你担任社群的催生者、创办者或主事者的角色，那么你不仅能充分追求自己的兴趣，还可以借此获利。可能的做法如下：

◎ 你可以设立博客，让它成为你兴趣的“官方发言渠道”。你可以在博客上发文提出问题，邀请读者提供意见。身为博客博主，你可以向那些想获取自己专业知识的读者收取咨询费用。你可以提供收费的培训课程，在博客上刊登付费广告，或者通过博客号召有兴趣的人登记参加你举办的年度集会。如果你的博客是以读者非常热衷的事情为主题，那么每天都可以吸引许多人阅读，就有各式各样的方法可以赚钱。

◎ 你还可以建立具有高度价值的同道网站，让大家可以互相联系、分享资源并增加专业知识。例如举办座谈会、提供培训课程，或者在大家互相接触并合作项目时收取中间人报酬，这些都是可以赚钱的方法。你也可以举办收费的入门培训、活动和会议等，甚至可以把教材汇集成册来销售。如果你能够建立起这样的专业网络，找到企业来赞助这个社群也不无可能。

7. 方便别人去从事你的兴趣领域

幸运的话，你可能会在自己热衷的领域里找到产品和服务上的落差，这些落差会以下列方式体现出来：

◎ 市面上可以购买到产品或服务的方式只限于少数几种，只要能够运用不同的方式提供商品，就可以把握这个商机。

◎ 可能在某些地方，有众多急切的使用者无法直接从制造商处购买到产品或服务，这时如果你能开拓销售，将会是相当可观的商机。

如果你注意到这些机会，接着就该付诸行动，进行的步骤通常是：

（1）根据自身经验，你注意到市场上还欠缺某些自己判断仍有需求的东西。

（2）接着你必须确定自己认定的潜在市场规模是否大到值得经营——要确认这点，你可以和其他社群成员讨论，也可以进行市场调查。要估算市场规模，可以采取下列方法：

◎ 观察大家目前在 Google、Yahoo! 和 MSN 上搜寻哪些关键词，也可以通过 www.seo-book.com 或 www.wordtracker.com 来进行。

◎ 利用 www.clusty.com 找出目前网络上有哪些厂商已经提供类似的产品和服务。

（3）上 www.clickbank.com 了解大家目前都在买什么，并留意有哪些信息商品已经有人在卖，而且主题还是你感兴趣的——这可以帮助你了解市场需求，并把握可行的价格点。

（4）找出所有以你兴趣为主题的报章杂志、数字报和博客，好好研读一番——相关媒体越多越好，因为这显示出大众感兴趣的程度很高。另外要特别注意目前有哪些企业已经在这些出版物上刊登广告。

（5）上 www.craigslist.com——它是最广泛使用的分类广告，看看有哪些分类广告跟你的兴趣有关。

（6）找出 eBay 上哪些商品比较畅销——把它们纳入考虑。

（7）设立简约的单页网站，并尝试刊登关键词广告——了解到底有没有人愿意购买你构想中的商品。

（8）针对 Facebook 使用者进行调查——这可以让你了解 Facebook 上的 7000 万名会员怎么看待你的构想。

（9）与潜在顾客面对面地沟通——了解他们对你的构想有何看法。

（10）去接触已经在经营你兴趣领域的人和企业——看能不能和他们有什么合作方式，看看对方有没有意愿雇用你，或者提议和对方成立合资企业来开拓新的利基市场。想法要远大、有创意。

事实上，现在有太多免费的工具和资源可供你进行实质的竞争情况研究，在你付诸行动前要好好运用，说不定可以替自己省下大量的时间和金钱。

关键思维

你所热衷的事情能否让你脱颖而出，并且创造极高价值，远远超出这个市场上消费者的一般预期？大家是否想要获得你的商品？即使成为自己兴趣领域中的大师，能否把你的兴趣发挥到这个新市场上，创造出人人争相购买的产品或服务？你能否以引起庞大需求的价格点在这个新市场上推出产品或服务？

——乔纳森·菲尔兹

有时候，替代市场或次市场很容易发现，只要你下功夫着手去找，它们就会纷纷在你脑中冒出来。有时候，你还必须多花点功夫，要通过大量的研究和头脑风暴才能找到。

——乔纳森·菲尔兹

由于大家通常愿意付出任何代价来得到那些可以加速他们在兴趣相关活动上成功的信息，因此只要运用适当的披露和发布方式，那些信息也可能成为大笔营业收入的来源。

——乔纳森·菲尔兹

你参与兴趣相关活动所获得的快乐可能不仅来自活动本身，也来自它周边的文化、社群、信息和事物。好好想想根据你的兴趣所衍生的产品和服务中有没有什么还没人做或可以做得更好？问自己这些问题并发现落差，找出需求未被满足或者亟须更好解决方案的地方。这些通常是绝佳的机会点，是你可以点石成金的良机。

——乔纳森·菲尔兹

通常，如果你对一项活动投入越深，就会越渴望获得更多信息。由兴趣相关活动衍生出的信息次市场成长为规模大于活动本身的事业，这一现象是很常见的。

——乔纳森·菲尔兹

如果你真正热衷于某件事，就很可能已经对它了如指掌。拥有其他人热切渴望的知识是理想情况。倘若不然，那就赶快打好知识基础，让自己可以成为别人一有问题就会首先想到的专家。你提供的信息越独特、需求越高，对自己就越有利。

——乔纳森·菲尔兹

我们最热衷的活动往往也需要不少设备，而从相关设备衍生出同样受到欢迎的全新次文化也是很常见的事情。只要你的观察足够深入，通常就能看出支持主要活动的设备或产品出现有待弥补的落差。有时那些落差出现在设备的供应方面，也有时出于选择有限。你甚至会发现，落差是因为还没有出现符合需求的产品，或者现有产品有待大幅改良。

——乔纳森·菲尔兹

在摸索如何将建立社群当成追求兴趣与财富的渠道时，最重要的规则就是你一定要深深喜爱这方面的核心活动或内容。创立、拓展和领导社群必须付出很大的努力，热情是让你继续走下去的动力，尤其是在初期。另外，由于大家对活力和真诚会热烈回应，因此掌握这两项特质就是有效号召大家认同你志向的关键。

——乔纳森·菲尔兹

三　精通你的兴趣，吸引全世界追随

成为你兴趣领域的权威，然后积极创造机会展现自己的专长。封自己为兴趣领域的专家、权威，即使这种头衔听起来很响亮也不必担心，然后努力运用信息时代的各种工具，好好宣传你的专长。要建立可信度，日后才能开启致富契机。

实际上，不论采取哪种职业生涯叛逆分子路径，你都必须先在兴趣领域取得公认的专家地位，然后才有办法真正获得进步。除非大家认同你对于所从事的领域非常在行，否则是不会付费来请你协助的。要能成功地运用这些观念，你必须成为自己兴趣领域的权威。一旦你成为该领域的专家，就能获得数不清的机会。

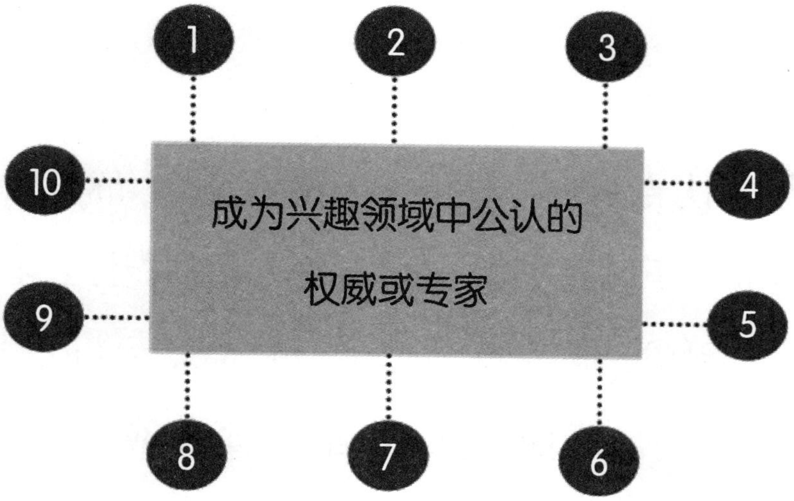

那么，如何才能成为你所在领域内公认的权威或专家？你可以运用以下 10 个技巧设法做到这点：

（1）建立良好的领域专业知识基础——尽可能学习与你兴趣领域有关的一切。读遍相关书籍，参加所有免费或付费的培训课程，阅读报道该领域的所有杂志和专业刊物，深入探索所有和该主题相关的门户网站，熟悉市面上各种培训手册或 DVD，参加所有的培训讲座、课程或座谈会，寻找前辈或教练并尽量向他们学习，还要做好该做的功课，获知你兴趣领域内目前最先进的发展情形。

（2）设立并经营自己的博客——这是你成为领域内公认专家的基础。在博客里发布各种有助于你建立名声的内容，大家可以随时上去看，然后相信你确实非常在行。假如你从未写过博客，就去研究一下其他人的博客，看看应该怎么写。目前最常用的博客平台是：

◎ www.blogger.com.

◎ www.typepad.com.

◎ www.wordpress.com.

（3）开始使用微网站所提供的服务——例如 www.twitter.com 等网站。这其实就是在发送短篇的博客帖文给所有想了解你近况的人，让他们可以时刻得知你现在正在忙些什么。这些容易理解的简短信息具有非常吸引人的即时性，运用这项科技，你就能同许多人即时接触，让对方不断注意到你的名字。

（4）运用社交媒体持续制造话题——吸引大

家持续进行讨论，借此注意到你提供的内容。参与讨论并给予回应，同时做一些引人瞩目的事情，积极参与你兴趣领域中持续进行的任何讨论。有下面几个你应该经常使用的重量级社交媒体：

◎ www.linkedin.com——有超过 2000 万名会员。

◎ www.facebook.com——有超过 7000 万名会员。

◎ www.myspace.com——有超过两亿名会员。

（5）开始做播客——播放你自己的广播或电视节目。通过播客可以让无数人听到你的想法并给予回应。他们会订阅你的节目，以在未来继续欣赏。开始学习如何做播客可以运用以下资源：

◎ www.how-to-podcast-tutorial.com.

◎ www.itunes.com.

◎ www.blogtalkradio.com.

（6）发送传统的新闻稿——要善用在线服务，把这些资料发给经常报道你擅长领域的媒体和出版商。标题醒目且内容出色的新闻稿也经常被主要的搜索引擎列入，上面有大量网友订阅，他们希望收到包含特定关键词的最新报道。持续定期地发新闻稿，这样就能吸引很多人追随。这方面可用的资源有：

◎ www.prweb.com.

◎ www.businesswire.com.

◎ www.prnewswire.com.

◎ www.prleads.com.

◎ www.helpareporterout.com.

◎ www.profnet.com.

（7）公开展现你的能力——一有机会就要在公众面前表现自己。如果你真能说到做到，就能借此创造很高的知名度。甘冒很大的失败风险公开让人检验自己的资格，这样可以让你在未来获得极大的成功。

（8）参加符合你专业领域的行业团体——并且尽量表达意见，要直言不讳，借此建立名声。对于行业所面临的争议性议题要公开表态，也要准备应对批评，因为有人支持你，势必也有人反对你。从沉默的大众中站出来表态才是意见领袖的作为，要主导正在进行的公开讨论。

（9）要做不花大钱的营销——通常是创造话题以及引发口碑效应。分享绝佳的故事，然后平面媒体就会采用并跟进报道。举个例子，你可以注意行业尚未证实的主张，看看能不能做出先导研究，一举证实或反驳那些主张。锁定你所处行业的杂志和刊物都很感兴趣的这类内容，因为它们有助于提高销量，然后你可以提供影片等素材做搭配，让自己的研究结果具有专业性。以这些内容引发的话题作为基础，接下来你就能推出各种相关产品，然后通过自己的网站或支付佣金请其他人销售，高知名度可能带来的后续效应是无穷无尽的。

（10）学会写出色的文案——因为这是你进行各种营销的共同主题，能够写出有说服力的文案会为事业大大加分，它可以增强你每种做法的效果。同样，有许多网络资源可供运用：

◎ www.copyblogger.com.

◎ www.copywritersboard.com.

◎ www.john-carlton.com.

◎ www.makepeacetotalpackage.com.

◎ www.michelfortin.com.

如果以上 10 个技巧你全部做到了，或者选择你认为适用的部分完成了，到最后你就能成为自己的导师。你不会再受限于别人灌输给你的传统观念，而会开始走出自己的路，把你的职业生涯带往另一个截然不同、更能获利丰硕的道路，这是件好事，也是理想情况。你可以负起责任推动事业，而不是听命行事。在你所选择的行业成为专家的好处显而易见且不可胜数，而且一切都是自己力所能及的。

关键思维

在生命中如果不进行一场惊心动魄的冒险，就等于一无所有。

——海伦·凯勒

不要走已知的路，而要走没有人走过的路，并留下自己的足迹。

——拉尔夫·沃尔多·爱默生

不论你选择什么职业生涯发展路径，成为公认的专家都可以让你独领风骚。不论这些机会引领你到别人的企业发展、走自己的创业路，或者让越来越多追随者排队购买任何你所销售的东西。在今天，除了真正建立起专业以外，最重要的事情就是出名，你的舞台就是你职业生涯叛逆分子的秘密营销武器。

——乔纳森·菲尔兹

你的立场越清楚，支持与反对你的力度就越大。网络环境提供的匿名保护伞往往鼓励大家直言不讳甚至口无遮拦，而这些人在实际和人面对面时是不敢这样做的。如果你很喜欢公开表达意见，也相信自己所说的话，其实应该善用这种能力激发对自己有利的广泛争论。虽然这不是我个人一向的行事风格，但是很多人都这样做，并把它当成建立知名度的主要工具。这只不过是整个过程中的一环，而保护自己最好的方法就是确定你追求权威地位靠的不是表面功夫，而是专业。

——乔纳森·菲尔兹

在营销方面，职业生涯叛逆分子的做法通常和常人不同。他们会设法引人注目，借以成为讨论中权威意见的来源，让大家成为朋友、客户和推广大使。

——乔纳森·菲尔兹

如果可以，不妨尝试运用你的兴趣进行创新，偶尔创造出人意料的表现，然后善用你的权威地位，创造出可以加速传播诉求的工具。让你的网络可以长期关注你的诉求，以使话题开始蔓延。

——乔纳森·菲尔兹

四　冒险一试，启动职业生涯革命

承认自己害怕失败，然后集中全力做个成功的职业生涯叛逆分子，这种事只有去做才能证明是正确的。努力实行你的各种构想，如果你渴望最后能有与众不同的理想成果，就去做不一样的事情。可是不要光说不练，要努力去做。

冒险做个职业生涯叛逆分子在一开始会令人提心吊胆，在你把一切情况弄清楚之前，会遇到一些初期的挫折。此外还得历经一段时间才能得到别人的认同，让他们将你正在做的事情视为建设性的行为，而不是走回头路。要促成这样的转变，切记以下几个重点：

（1）想好一套方法来应对失败——因为你会遇到很多失败，在情况不如预期时：

◎ 探讨失败的原因，并把错误的部分量化。

要注意的是，探讨只需做一次就好，结束后就要继续前进，别一直停留在失败上，因为多想无益。分析失败的原因，找出错在哪里，然后回到事情上做出理想成果。

◎ 如果你在拖延时间，就要把毫无作为的成本和结果量化。检验最终结果，看看未来会有什么影响。了解一切情况后就要开始做事，以实际行动往前迈进以取代消极的行为。如果成绩达不到自己真正的实力，不要妥协。

（2）每天花点时间想象自己获得长期成功的景象——设想当自己完成目标时会是什么感觉，清楚地看见成功的样子会激发出可以激励行动的信心和信念。每天投入一些时间，建立对于自己前进方向的信心。想象成功的样子，然后每天尝试采取一些具体行动让自己更进一步地迈向目标。有些职业生涯叛逆分子发现，做个想象板，也就是愿景板，在上面放满自己达成目标时职业生涯情况的图像，这是很有帮助的，想象越鲜活越好。

（3）努力让自己最亲近的人相信你做了明智的决定——因为当你脱离一般的繁忙职业生涯时，他们自然会为你担心。要让他们支持你，就要事先想好该怎么表达。按照下列方式来构思你的想法：

◎ 找出你当上班族时遇到过哪些问题曾日复一日地榨干你的活力。

◎ 根据目前的研究结果，证明工作、快乐和财富之间的高度关联性。

◎ 说明你的规划是依靠自己热衷的事情，创造出丰厚的收入。

◎ 要预料到他们会有哪些反对意见，并准备好如何回应。说明你的备案是什么，以及当你在自己喜欢的商业领域站稳脚根前如何养家糊口，要证明你已经想得非常周全。

（4）培养支援团队——也就是一群能帮助你加速迈向成功的人。在团队中纳入各种具有不同特质的人，例如推动型、沟通型、合作型、导师型和斗士型等。这些人可以让你专注于真正应该做的事情，而不是眼前的急迫问题。运用你的支援团队习惯使用的论坛或科技，定期和他们进行联络。不仅要打造支援团队，还要确定他们也能从中有所收获。

当你决定做个职业生涯叛逆分子时，跨出第一步是很困难的。你会发觉自己失去了安全感，进入一片漆黑当中。这时应切记，你所失去的安全感不过是假象，即便是自己已经效力多年的公司也可能在任何时候、以各种你想像不到的理由把你裁掉。职业生涯叛逆分子会为自己的未来人生负起全责，而那些恐惧将随着你从事自己兴趣领域所获得的绝佳体验逐渐烟消云散。不要把你的人生责任推到别人身上，随后听天由命。要充分掌握你的职业生涯发展，而且让它精彩纷呈。

关键思维

从营销的观点来看，经营得有声有色的社群也是个容易诉求且需求极大的市场，因此你可以尝试结合多种职业生涯叛逆分子路径，并将你对社群的热情和对教育大众以及制作优质内容、指南、书籍、工具组、DVD 等付费内容的兴趣结合起来。一旦你组成社群，就会有很多选择，你最大的挑战可能不再是如何靠社群赚取收入，而是如何把它经营得让大家觉得受到尊重，并能持续地为社群成员投入热情和兴趣，这是非常值得你去应对的挑战。

——乔纳森·菲尔兹

博客已经成为建立全球性网络社群最强大的工具之一，这也使它成为建立兴趣社群近乎完美的工具。如果你热衷于和人接触，也热衷于特定的活动或兴趣，那么就去了解是否需要建立更紧密的网络社群来支持你的兴趣。

——乔纳森·菲尔兹

只要你勇于打破窠臼、从不同的角度来看待你的兴趣，想出创新方式把兴趣变成黄金，然后竭尽全力去实践，就算你没有世界级的能力，也可以获得丰硕财富。

——乔纳森·菲尔兹

我不会说假话，关于失败，即使我们从其中学到很大的教训，让自身更近一步靠近成功，感觉还是很不好受的。我是从多次亲身经历体会并感悟到这点的。不过问题在于，它是不是令人难受到足以让你不再去做自己热衷的事、不去为自己今后的人生赚取丰硕财富的程度。

——乔纳森·菲尔兹

对于那些向往做一些和现在完全不同事情的人来说，需要更大幅度转变的事情、规划、储蓄和学习都不是唯一的选择。在业余时间逐步尝试下一场绝佳冒险也是可行的，其实对许多人来说，这还是最佳选择。

——乔纳森·菲尔兹

要开创符合自己最大兴趣、能创造最大财富的人生是一项巨大的挑战，可是，这绝对值得一试。近年来的科技进步已经使数年前根本不存在的选项变为可能。我无法告诉你最后的结果，而且平心而论，要对自己的生活情况和快乐担负责任仍时常让我倍感恐惧。可是，这远不如让我把命运交给他人然后听天由命更为可怕，我不希望自己的下半辈子在挥之不去的懊悔和空虚中度过。我很难想象，有一天自己满怀着对梦想生活的憧憬，却从未有过勇气去进行尝试，以这样的方式离开人世会有多么遗憾。你还在等待什么？

——乔纳森·菲尔兹